U0610100

# 超稠油油藏 HDCS 强化采油技术

张继国  李安夏  李兆敏  毕义泉  著

中国石油大学出版社

**图书在版编目(CIP)数据**

超稠油油藏 HDCS 强化采油技术/张继国等著. —东营：
中国石油大学出版社,2009.10
ISBN 978-7-5636-2918-3

Ⅰ. 超⋯　Ⅱ. 张⋯　Ⅲ. 稠油开采　Ⅳ. TE355.9

中国版本图书馆 CIP 数据核字(2009)第 173468 号


书　　名：超稠油油藏 HDCS 强化采油技术
著　　者：张继国　李安夏　李兆敏　毕义泉

责任编辑：郜云飞(电话 0546—8391935)
封面设计：赵志勇

出 版 者：中国石油大学出版社(山东　东营,邮编　257061)
地　　址：山东省东营市北二路 271 号
网　　址：http://www.uppbook.com.cn
电子信箱：suzhijiaoyu1935@163.com
排 版 者：青岛海讯科技有限公司
印 刷 者：青岛星球印刷有限公司
发 行 者：中国石油大学出版社(电话 0546—8391809)
开　　本：185×260　印张：13.25　字数：240 千字
版　　次：2009 年 10 月第 1 版第 1 次印刷
定　　价：86.00 元

# 编 委 会

主　　编　　张继国　李安夏　李兆敏　毕义泉
编写人员　　（按章编写顺序排列）
　　　　　　第一章　张继国　冀延民　贾云飞
　　　　　　第二章　李安夏　李宾飞
　　　　　　第三章　李兆敏　陶　磊　赵洪涛
　　　　　　第四章　张继国　赵洪涛
　　　　　　第五章　毕义泉　陶　磊　王　勇
　　　　　　第六章　张继国　赵洪涛　贾云飞
　　　　　　第七章　李安夏　冀延民　王爱丽

# 序

石油是世界能源的主要组成部分,对各国经济发展起到极为重要的作用。随着国民经济的持续、快速发展,我国对石油的需求量逐步增加。从2006年起,进口原油的依存度已达到40%以上,除了加快石油天然气勘探力度,增加可采储量外,如何最大限度地提高已探明石油储量动用率及采收率,以及老油田进行二次开发提高采收率,保障国内能源安全和有效供给,成为石油人的一项光荣而艰巨的历史任务。

20世纪80年代初,我国在胜利油区、辽河油区及新疆克拉玛依油田相继发现了几个大型稠油油田,石油储量有几亿吨,大部分分布在东部地区,而且油层深度多数达800~1 700 m。原石油工业部领导及时决策,组织上述三个油区及石油勘探开发科学研究院为主的科技人员,开展了稠油开发技术攻关,列入"六五"、"七五"、"八五"国家级重大科技项目。从1982年第一批辽河高升油田深度达1 600 m的油井蒸汽吞吐技术试验成功为起点,到1990年,蒸汽吞吐技术已成为稠油开发的主要技术,热采产量迅速增加,辽河油区当年达到470万吨,打开了稠油开发的新局面。从1993年起至今,全国陆上稠油热采产量保持在1 100万吨/年的水平,已形成了以蒸汽吞吐、蒸汽驱为主的成熟、配套的热采工艺技术。

我国稠油油藏类型多,原油性质变化范围大,分为普通稠油(50~10 000 mPa•s)、特稠油(10 000~50 000 mPa•s)、超稠油(>50 000 mPa•s)三类,而且油藏埋深幅度大,有浅层(<600 m)、中深(600~900 m)、深层(900~1 300 m)、特深(1 300~1 700 m)到超深(1 700~3 000 m)。目前普通稠油中浅层、中深层油藏先蒸汽吞吐后蒸汽驱已工业化生产,技术成熟配套。最近几年,国内稠油热采技术又取得重大新进展,特超稠油(浅于1 000 m的油藏)采用蒸汽辅助重力驱(简称SAGD)已投入工业化生产,蒸汽中加氮气泡沫吞

吐调剖及泡沫驱也在几个开发区获得成功。

我国最近几年已发现尚未动用的稠油，特别是特超稠油已高达几亿吨，由于深度大（1 000 m 以上），原油粘度高，油层厚度较薄，物性较差，储量丰度较低，开采技术难度增大，面临严峻挑战。

中石化胜利油田分公司针对这种特超稠油油藏（我建议将地层条件下脱气原油粘度大于 $10\times10^4$ mPa·s 的稠油称为特超稠油），自主创新研发成功了 HDCS 强化热采技术。针对油层深度超过 1 000 m，原油粘度高达 $10\times10^4$ mPa·s 以上，油层薄，具有活跃边底水等复杂条件下，注蒸汽压力高、热损失大、开采效果差、底水锥进等技术难点，采用水平井、高效油溶性复合降粘剂、$CO_2$ 及高温高压湿饱和蒸汽综合技术（简称 HDCS 技术），通过大量室内物模、数模研究及现场多种注采技术试验，获得先导试验成功。目前已投入工业性应用，取得了技术及经济效益上的成功，不仅实现了中深层特超稠油油藏和中浅层特超稠油油藏有效开发，也为许多稠油油藏提高采收率打开了新思路。这是我国稠油开发上的一项重大技术突破及创举，值得赞誉。

本人从事油田开发工程技术研究 50 多年，亲自参与组织我国稠油开发、注水开发、注多元热流体泡沫提高原油采收率多项技术研究，深知油田开发领域创新一项新技术的艰难与辛苦。针对极难开采的特超稠油油藏特点，从事研发工作的本书作者及有关科研人员，对 HDCS 技术的应用机理、模拟实验研究、开采配套工艺技术及现场应用效果等作了大量、科学深入的研究，取得了理论与实践相结合的丰富研究成果，标志着又一项中国稠油开采技术步入国际前列。我相信，这本书的及时出版一定会使广大石油科技工作者从中得到启迪和借鉴，并在此基础上不断创新，促使我国稠油资源及某些难动用复杂油藏的开发技术再创新局面、新水平。

原石油工业部稠油开发技术攻关领导小组副组长，
中国石油勘探开发研究院原总工程师，教授级高工
2009 年 5 月

# 前言

从能源供需形势和储量开发状况出发,21 世纪将是稠油开发时代。面对国内外稠油资源丰富,但采收率和储量动用率低的现状,加快稠油油藏的持续有效开发已成为提高石油产量、减缓能源供需矛盾的重要途径。

国内自"六五"以来,经过近 50 年的探索实践,已相继在常规稠油和特稠油油藏开发方面形成了独具特色的优势配套技术,实现了该类油藏的持续高效开发。"十五"以来,运用 SAGD 技术,辽河油田实现了中浅厚层超稠油油藏的有效开发;运用化学辅助蒸汽吞吐技术,胜利油田也实现了油层温度下脱气原油粘度低于 $10×10^4$ mPa·s 的中浅层超稠油油藏的规模化开采。但对于超稠油油藏,多年来虽采取了多种强化攻关措施,但由于原油粘度高、油层埋藏深、储层薄、出砂严重且边底水活跃,一直未实现有效开发。

为加快特超稠油油藏的开发动用,2005 年以来,胜利石油管理局石油开发中心在中石化、胜利石油管理局各级领导的大力支持下,组织中国石油大学、胜利油田地质院、采油院、钻井院等科研院所,针对郑 411 等特超稠油油藏的地质特点,通过开展水平井、SLKF 高效油溶性复合降粘剂、$CO_2$ 和蒸汽的协同作用机理研究,创建了超稠油 HDCS 滚动接替降粘、动热量传递和增能助排的新型开发模式。同时,利用数模、现场试验进行注采参数定量化研究,并配套相应的开采工艺技术,形成了一套适合中深层特超稠油和中浅薄层特超稠油油藏的开发配套技术。目前,该技术已在胜利油田得到规模化推广应用,并取得了良好的经济效益。

大量的研究结果表明,HDCS 强化采油技术作为超稠油油藏开发的一项配套技术,具有提高稠油储量动用率和采收率的良好前景。五年来,我们在不断深化 HDCS 技术研究并规模化推广应用的同时,也深感知识共享与技术交流对技术发展的必要性。为此,我们在中石化胜利石油分公司和中国石油大学各级领导的大力支持下,组织了多年从事该项技术研究的科研人员,经过近一年的努力,较系统地将该技术整理了出来。

本书从胜利油区特超稠油油藏的原油特性出发,通过大量的室内实验和现场跟踪分析数据,系统阐述了特超稠油的组分构成、流变特性和渗流特征;通过深入分析水平井、油溶性复合降粘剂、超临界二氧化碳和蒸汽各自的独特功能及协同作用机理,系统研究了 HDCS 强化采油技术的开发机理和开发模型;通过深入开展数值模拟研究,系统优化了 HDCS 强化采油技术的技术政策界限,提出了适合该类油藏的筛选标准;通过细化节点分析和评价,优化出针对特超稠油油藏的配套工艺技术系列,建立起适合特超稠油油藏开发的新型模式。希望通过本书的出版,能够与广大石油科技人员在特超稠油开发领域共同探讨、共同提高,一起将特超稠油油藏的开发提高到一个崭新的水平。

本书由张继国、李安夏、李兆敏、毕义泉同志编著,共分七章。第一章由张继国、冀延民、贾云飞同志编写,第二章由李安夏、李宾飞同志编写,第三章由李兆敏、陶磊、赵洪涛同志编写,第四章由张继国、赵洪涛同志编写,第五章由毕义泉、陶磊、王勇同志编写,第六章由张继国、赵洪涛、贾云飞同志编写,第七章由李安夏、冀延民、王爱丽同志编写。

全书由张继国、霍广荣等同志审定。初稿完成后,先后送交张广卿、李兆敏、刘文章等专家审阅,并提出了许多宝贵的修改意见。本书在资料搜集、编写和出版过程中,王爱丽、裴春、左青山、陈中华、张志磊等同志参与了资料汇总与图表的制作,在此谨向所有关心、支持过本书出版的领导、专家和同志们表示衷心的感谢!

由于本书内容属当前国际石油开采技术的新领域,难免有许多不足之处,恳请广大读者给予批评指正,我们将十分感谢。

编　者
2009 年 5 月

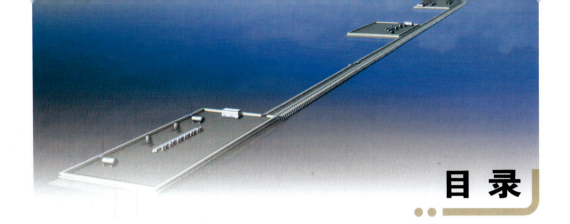

# 目 录

**第一章 绪 论**

1.1 国内外能源需求形势 ……………………………………………… 1

1.2 世界稠油资源量 ………………………………………………… 3

　1.2.1 稠油的定义及分类 …………………………………………… 3

　1.2.2 国内外稠油资源量 …………………………………………… 4

1.3 稠油开采技术简介 ……………………………………………… 6

　1.3.1 冷采技术 ……………………………………………………… 6

　1.3.2 热采技术 ……………………………………………………… 7

1.4 HDCS强化采油技术的提出 …………………………………… 13

　1.4.1 国内外稠油开发概况 ………………………………………… 13

　1.4.2 中深层特超稠油油藏的开发难点 …………………………… 14

　1.4.3 HDCS强化采油技术的提出 ………………………………… 15

参考文献 ……………………………………………………………… 16


**第二章 超稠油原油特性**

2.1 超稠油的物理性质及结构特点 ………………………………… 18

　2.1.1 超稠油的密度 ………………………………………………… 18

2.1.2 超稠油粘度特性 ……………………………………… 19

2.1.3 超稠油组分构成 ……………………………………… 21

2.2 超稠油的流变特性及渗流特征 ………………………… 23

2.2.1 超稠油的流变特性 …………………………………… 23

2.2.2 超稠油开采的渗流特征 ……………………………… 26

参考文献 …………………………………………………………… 29

## 第三章　HDCS 强化采油技术各要素的主要作用

3.1 水平井在超稠油开发中的作用 ………………………… 30

3.2 油溶性降粘剂的研制及在超稠油开发中的作用 ……… 33

3.2.1 油溶性降粘剂应用现状 ……………………………… 34

3.2.2 SLKF 系列油溶性复合降粘剂研制及降粘机理 …… 38

3.2.3 SLKF 系列油溶性复合降粘剂降粘效果评价 ……… 43

3.3 超临界二氧化碳在超稠油中的作用 …………………… 54

3.3.1 二氧化碳吞吐开采稠油现状 ………………………… 54

3.3.2 超临界二氧化碳特性和驱油特性 …………………… 58

3.3.3 超临界二氧化碳对超稠油性质的影响 ……………… 67

3.4 蒸汽在超稠油开发中的作用 …………………………… 82

参考文献 …………………………………………………………… 85

## 第四章　HDCS 强化采油技术机理及模型

4.1 HDCS 强化采油技术各元素间的相互促进作用 ……… 86

4.1.1 DC 协同作用 ………………………………………… 87

4.1.2 CS 协同作用 ………………………………………… 90

4.1.3 H 对 DCS 的协同作用 ……………………………… 91

4.2 HDCS 强化采油技术机理研究 ………………………… 92

4.2.1 滚动接替降粘机理 …………………………………… 92

4.2.2 热量、动量传递机理 ………………………………… 94

4.2.3 增能助排机理 ……………………………………… 96

4.3 HDCS 强化采油技术阶段特征 …………………………… 96

4.3.1 注降粘剂和二氧化碳阶段及焖井阶段 ……………… 96

4.3.2 注汽阶段 …………………………………………… 105

4.3.3 焖井阶段 …………………………………………… 106

4.3.4 回采阶段 …………………………………………… 107

4.4 HDCS 强化采油技术模型 ………………………………… 107

4.4.1 注汽阶段模型 ……………………………………… 107

4.4.2 回采阶段模型 ……………………………………… 108

4.5 HDCS 强化采油技术物模驱替效率研究 ………………… 109

参考文献 ……………………………………………………… 111

## 第五章 超稠油 HDCS 强化采油技术数值模拟

5.1 流体相态特征拟合 ………………………………………… 112

5.1.1 原始流体组成及相态特征 ………………………… 113

5.1.2 流体相态特征拟合过程及拟合结果 ……………… 114

5.2 超稠油 HDCS 强化采油技术数值模拟模型建立 ………… 119

5.2.1 概念地质模型 ……………………………………… 119

5.2.2 流体模型 …………………………………………… 120

5.3 三元复合吞吐数值模拟注入组分作用研究 ……………… 121

5.3.1 降粘剂组分作用研究 ……………………………… 121

5.3.2 二氧化碳组分作用研究 …………………………… 125

5.3.3 蒸汽组分作用研究 ………………………………… 129

5.3.4 HDCS 技术作用研究 ……………………………… 130

5.4 超稠油 HDCS 强化采油技术注入参数敏感性分析 ……… 131

5.4.1 常规蒸汽吞吐数值模拟 …………………………… 131

5.4.2　高效油溶性降粘剂对开发效果的影响 ·············· 132

5.4.3　二氧化碳对开发效果的影响 ·············· 133

5.4.4　蒸汽对开发效果的影响 ·············· 133

5.5　超稠油 HDCS 强化采油技术界限 ·············· 134

5.5.1　降粘剂周期注入量优选 ·············· 137

5.5.2　二氧化碳周期注入量优选 ·············· 137

5.5.3　蒸汽周期注入量优选 ·············· 138

参考文献 ·············· 138

### 第六章　HDCS 强化采油关键配套技术

6.1　薄隔层热采井先期封窜完井技术 ·············· 140

6.1.1　完井固井技术问题分析 ·············· 140

6.1.2　薄隔层热采井先期封窜完井配套技术 ·············· 141

6.2　水平井泡沫流体增产技术 ·············· 146

6.2.1　泡沫流体基本性能 ·············· 146

6.2.2　井筒中泡沫流体流动数学模型的建立 ·············· 148

6.2.3　泡沫流体技术在水平井上的应用 ·············· 153

6.3　长井段水平井挤压砾石充填防砂技术 ·············· 156

6.3.1　长井段水平井管内逆向挤压砾石充填防砂技术 ·············· 156

6.3.2　长井段水平井管外逆向挤压砾石充填防砂技术 ·············· 161

6.4　特超稠油水平井注汽及井筒举升工艺 ·············· 164

6.4.1　注采方式 ·············· 164

6.4.2　举升工艺 ·············· 165

参考文献 ·············· 167

### 第七章　HDCS 强化采油技术在特超稠油油藏中的应用

7.1　HDCS 强化采油技术的推广应用情况 ·············· 168

7.2　HDCS强化采油技术的推广应用前景 …………………… 173

7.3　典型区块应用情况 ……………………………………… 174

　　7.3.1　中深薄层特超稠油油藏——郑411区块 ………… 174

　　7.3.2　中深厚层特超稠油油藏——坨826区块 ………… 182

　　7.3.3　中浅薄层特超稠油油藏——草705区块 ………… 189

## 结束语

## 附　录

有关计量单位的换算关系 …………………………………… 198

# 第一章 CHAPTER 1

## 绪 论

石油是不可再生的重要能源和优质化工原料,是关系国计民生的重要战略物资。在我国全面建设和谐社会和实践科学发展观的进程中,石油工业更是国民经济的重要支柱产业,关系到经济发展、社会稳定和国家安全。为此,我国已在近几年加大了油气资源可持续发展的宏观控制力度,并从资源勘探、开发、生产和节能等各个环节制定出切实可行的保障措施。尤其在当前中国油气消费进入快速增长的时期,油气资源的短缺已成为制约经济和社会发展的重要因素,如何全方位、多渠道地扩大油气供应是我们石油工作者必须思考的问题。

## 1.1 国内外能源需求形势

在世界一次能源构成中,石油仍将是最重要的燃料,据国际能源署(IEA)2004 年预测[1],2030 年世界一次能源需求将增长近 60%,需求总量将达到 $165 \times 10^8$ t 油当量,年均增长率为 1.7%,其中石油需求年增长率为1.6%,见表 1-1。

表 1-1　世界一次能源需求的变化

| 类型 | 1971 年需求量 /($10^6$ t 油当量) | 2002 年需求量 /($10^6$ t 油当量) | 2010 年需求量 /($10^6$ t 油当量) | 2020 年需求量 /($10^6$ t 油当量) | 2030 年需求量 /($10^6$ t 油当量) | 2002～2030 年均增长率 /% |
|---|---|---|---|---|---|---|
| 煤炭 | 1 407 | 2 389 | 2 763 | 3 193 | 3 601 | 1.5 |
| 石油 | 2 413 | 3 676 | 4 308 | 5 074 | 5 766 | 1.6 |
| 天然气 | 892 | 2 190 | 2 703 | 3 451 | 4 130 | 2.3 |
| 核电 | 29 | 692 | 778 | 776 | 764 | 0.4 |
| 水电 | 104 | 224 | 276 | 321 | 365 | 1.8 |
| 生物质和废料 | 687 | 1 119 | 1 264 | 1 428 | 1 605 | 1.3 |
| 其他可再生能源 | 4 | 55 | 101 | 162 | 256 | 5.7 |
| 合计 | 5 536 | 10 345 | 12 193 | 14 405 | 16 487 | 1.7 |

从目前国际石油市场的供求形势看,全世界年产原油 $38×10^8$ t,除去生产国消费外,进入石油贸易的只有 $22×10^8$ t。其中,美国年均进口量达 $7×10^8$ t,日本年均进口量达 $2.6×10^8$ t,韩国、德国、法国等年均进口石油都在 $1×10^8$ 以上。在这种情况下,各石油消费国围绕石油资源的争夺将愈演愈烈,供求矛盾也将越来越严峻。

从国内原油需求看,自 20 世纪 90 年代后期以来,随着国民经济的持续增长和人民生活水平的逐步提高,石油消费的需求日益增长。2006 年中国已取代日本成为全球第二大石油消耗国。2006～2008 年,中国的石油消费量分别是 $3.50×10^8$ t,$3.62×10^8$ t,$3.73×10^8$ t,而年均石油进口量分别达到 $1.82×10^8$ t,$1.81×10^8$ t,$1.789×10^8$ t。国际能源署(IEA)的最新预测表明,2002～2030 年,全球石油消费增长总量为 $610×10^4$ t/d,中国将达到 $130×10^4$ t/d,占石油增长总量的 21%。2008 年中国能源发展报告也预测,2010 年和 2020 年中国石油消费量将达到 $4.07×10^8$ t 和 $5.63×10^8$ t,分别比 2006 年提高 17.42% 和 62.47%,2010～2020 年,石油需求年均增长率为 3.3%。

从国内情况看,随着油田勘探开发程度的逐步深化,仍有发现大型油气田的前景,石油资源勘探开发的潜力较大,但近几年探明储量品位越来越低,老油田提高采收率的技术瓶颈愈发凸现,稳产形势日趋严峻。国际能源署(IEA)2004 年的预测[1]表明,中国在近 20 年内,通过加大勘探投入和技术创新力度,原油产量将继续呈上升趋势。2020～2030 年产量预计为 $1.8×10^8$ t,

与同期国内需求相比,原油缺口将达到$(3\sim5)\times10^8$ t,此时对原油进口的依存程度将达 70% 左右(如图 1-1 所示)。尤其值得注意的是,中国进口的原油有超过一半来自中东等政治敏感地区,国家能源战略安全形势十分严峻。

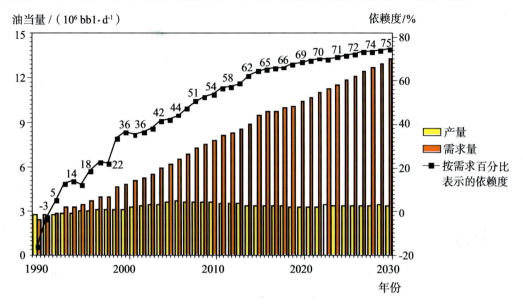

图 1-1　中国石油供需平衡图

复杂的国际环境和严峻的国内供求形势迫使我们不断开拓国际供给市场,同时要加大国内资源的勘探开发力度,尤其是已探明未动用储量,要通过加大科技投入和技术创新来提高资源动用率。其中,稠油油藏由于储量相对富集(总资源量约 $79.8\times10^8$ m³)且动用程度低,因此日益受到人们的关注。有分析家称稠油在满足世界能源需求中的作用会日益增加,并称 21 世纪是重质原油时代[2]。因此,分析稠油油藏的分布状况,研究其开发特征和制约因素,制定下一步工作方向和对策,对确保国家石油战略具有重要的现实意义。

# 1.2　世界稠油资源量

## ⊙ 1.2.1　稠油的定义及分类

稠油是沥青质和胶质含量较高、粘度较大的原油。1976 年 6 月,在加拿大召开的第一届国际重油及沥青砂学术会议上[3],讨论了稠油相关的定义及分类标准。在原始油藏温度下脱气原油粘度在 $100\sim10\,000$ mPa·s 或者在 15.6 ℃(60 ℉)及标准大气压下密度为 $(0.934\sim1.00)\times10^3$ kg/m³ 的原油称为稠油；原始油藏温度下脱气原油粘度大于 10 000 mPa·s 或在 15.6 ℃ (60 ℉)及标准大气压下密度大于 $1.00\times10^3$ kg/m³ 的原油称为沥青或油砂。表1-2是联合国培训研究署(UNITAR)推荐的分类标准。

表 1-2　UNITAR 推荐的重油及沥青分类标准

| 分类 | 第一指标 | 第二指标 | |
|---|---|---|---|
| | 粘度/(mPa·s) | 密度(60 ℉)/($10^3$ kg·m⁻³) | API 重度(60 ℉或 15.6 ℃) |
| 重油 | 100～10 000 | 0.934～1.000 | 20～10 |
| 沥青 | >10 000 | >1.000 | <10 |

我国的稠油在物理性质上与国外有着明显的不同，主要区别是：相同密度的稠油，国内稠油粘度相对较高，原中国石油天然气总公司勘探开发研究院刘文章教授根据我国稠油的物理特点，经过数年(主要是 1982～1988 年)的研究，推荐了我国稠油的分类标准，经过讨论修订，将其作为标准颁布执行。该标准将我国稠油分为普通稠油、特稠油和超稠油，表1-3是中国石油行业关于稠油分类的试行标准。分类标准中，粘度为第一指标，如果粘度超过分类界限而密度未达到，也按粘度分类。此分类标准与选择油田的开采方法相联系，有较好的适用性。

表 1-3　中国石油行业稠油分类试行标准

| 稠油分类 | | | 主要指标 | 辅助指标 |
|---|---|---|---|---|
| 名称 | 类别 | | 粘度/(mPa·s) | 20 ℃密度/(g·cm⁻³) |
| 普通稠油 | I | | 50*(或 100)～10 000 | >0.920 0 |
| | 亚类 | I-1 | 50*～150* | >0.920 0 |
| | | I-2 | 150*～10 000 | >0.920 0 |
| 特稠油 | II | | 10 000～50 000 | >0.950 0 |
| 超稠油(天然沥青) | III | | >50 000 | >0.980 0 |

注：带 * 者指油层条件下粘度，无 * 者指油层温度下脱气油粘度。

## ⊙ 1.2.2　国内外稠油资源量

第七届重油及沥青砂国际会议的相关资料表明，目前世界上常规石油和天然气共有 $(0.8\sim1.0)\times10^{12}$ 原油当量桶的剩余储量，而稠油的地质储量约为 $6.3\times10^{12}$ bbl(约合 $1.0\times10^{12}$ m³)。美国联邦地质调查局 2003 年调查数据显示[4]：全球剩余重油的可开采储量约为 $4\ 340\times10^8$ bbl，天然沥青的可开采储量约为 $6\ 510\times10^8$ bbl，重油和天然沥青的可采储量之和略高于全球稀油的剩余可采储量。巨大的资源量决定了稠油在未来能源战略中的地位和作用将越来越重要,更有人将21世纪叫做重油时代。表1-4列出了主要稠油生产国(不包括中东地区)的稠油资源量。

表1-4　世界主要稠油生产国稠油及沥青资源

| 国家 | 探明地质储量/($10^8$ m³) | | 资源量/($10^8$ m³) | |
|---|---|---|---|---|
| | 稠油 | 沥青 | 稠油 | 沥青 |
| 美国 | 165.4 | 35.6 | (165.4) | 92.4 |
| 加拿大 | 5.65 | 2 814 | 11.3 | 4 001 |
| 委内瑞拉 | 432.44 | — | 1 905 | — |
| 前苏联 | 4 | 1 211 | 135 | 2 146 |
| 中国 | 13 | 7.6 | 180 | |

注:(1)数据来源于张义堂等编著的《EOR热力采油提高采收率技术》,石油工业出版社,2005年。

(2)稠油指API重度小于20、油藏条件下粘度低于10 000 mPa·s的原油,沥青指API重度小于10、油藏条件下粘度大于10 000 mPa·s的原油。

(3)委内瑞拉稠油资源量包括稠油和沥青两部分;前苏联地区勘探程度低,统计不完全;美国稠油资源量缺统计数据,计算资源量以已探明储量代替。

目前,世界稠油主产国有加拿大、委内瑞拉、美国、前苏联和中国,其稠油及沥青砂资源占世界稠油总资源量的90%以上。加拿大重油最为丰富,有Cold Lake、Peace River等8个大油田,地质储量约为4 769×$10^8$ m³,占世界总量的48%。其次是委内瑞拉,B. E. Peerro Negro、Jobo等4个已知重油聚集区地质储量约为1 908×$10^8$ m³,占世界总量的19%。第三是前苏联,地质储量约为1 590×$10^8$ m³,占世界总量的16%。此后依次是伊拉克、科威特、美国、中国。据统计,委内瑞拉B. E. Peerro Negro、Jobo、Main Tia Juana,加拿大Cold Lake、Peace River和美国Midmay等世界大型稠油油藏,原油粘度相差较大,最高达到上百万毫帕秒,但油藏埋深一般在600~800 m。加拿大露天开采沥青砂油藏,油藏状况下的原油粘度达上百万毫帕秒,但油层埋深一般在40~50 m。

中国稠油资源分布广泛,陆上稠油资源占石油资源总量的20%以上,预测最终可探明的地质资源量为79.5×$10^8$ t,可采资源量为19.1×$10^8$ t。目前已在松辽盆地、渤海湾盆地、准噶尔盆地、南襄盆地、二连盆地等15个大中型含油盆地和地区探明稠油地质储量20.6×$10^8$ t,已动用储量13.59×$10^8$ t,剩余未动用储量7.01×$10^8$ t。从稠油油藏的特点看,河南油田、新疆克拉玛依油田的稠油油藏埋深一般小于500 m,50 ℃脱气原油粘度一般小于3×$10^4$ mPa·s。

辽河油田、胜利油田的稠油储量类型较多,既有油藏埋深小于1 000 m、50 ℃脱气原油粘度小于$1\times10^4$ mPa·s的中浅层常规稠油油藏,也有油藏埋深超过1 400 m、50 ℃脱气原油粘度大于$20\times10^4$ mPa·s的中深层超稠油油藏。但总体上以特超稠油和超稠油为主,二者储量之和要占总稠油储量的80%以上[5]。

# 1.3 稠油开采技术简介

稠油自20世纪60年代开始工业化生产,在短短的50多年时间里,稠油开发技术取得了显著成效。就目前技术而言,稠油开采可分为冷采和热采两大类。

## ⊙ 1.3.1 冷采技术

稠油冷采技术是通过不涉及升温的方法(如加入适当的化学试剂),利用油藏的特性,采取适当的工艺达到降粘开采的目的。目前的稠油冷采技术主要包括化学降粘开采技术、化学吞吐技术、注水、微生物采油、溶剂萃取技术、气驱、碱驱、聚合物驱以及螺杆泵携砂采油、电喷泵采油等。其中以化学降粘、微生物采油和螺杆泵携砂采油使用范围最广。

### 1.3.1.1 化学降粘开采技术

这项技术是近几年来在国内外发展起来的,其采油机理是通过向生产井井底注入表面活性物质,从而大幅度降低稠油粘度(降低幅度可达90%以上),实现降粘增产的目的。化学降粘的方法主要有井筒乳化降粘、油层解堵降粘、洗井液中加降粘剂。

实施化学降粘必须注意几个问题:一是研制适合不同油层特性的高效化学降粘剂,因为不同的降粘剂适应于不同的油藏类型;二是要优化注入剂量和注入时机;三是注意降粘剂与地层的配伍性,防止注入的降粘剂对油藏造成伤害。

美国、加拿大等国家已将这种开采技术作为一种常规开采方法进行应用。近十几年来,国内胜利、辽河、新疆、河南等油田也相继开始应用。该技术工艺简单,便于管理,目前已成为改善稠油开采效果的重要技术之一。

### 1.3.1.2 微生物采油技术

它是将微生物直接注入地层,利用微生物活动及其产生的各种代谢产物进行强化采油的技术。采油机理可概括为以下几个方面：一是微生物在特定条件培养后，分泌出具有表面活性剂的代谢产物，可降低油水界面张力，提高驱油效率；二是微生物活动所产生的酸性物质能溶解地层中的粘土矿物，改善油层渗透性；三是微生物能分解原油中的高分子烃链，使原油中的高分子变为小分子，提高原油的流动性能；四是在油层多孔介质中生长发育的菌体及细菌代谢所产生的生物聚合物可以填塞注水油层的高渗通道，控制流度，提高波及系数。

微生物采油技术始于 20 世纪 20 年代，70～80 年代得到发展，90 年代走向成熟。中国、美国、加拿大、俄罗斯、挪威等国家都应用过这种方法提高原油采收率，但从整体上讲，目前该技术在国内外还多处于试验阶段，真正工业化实施的项目并不多。

### 1.3.1.3 螺杆泵携砂采油技术

螺杆泵携砂采油是近几年才兴起的稠油开采技术。它改变以往油井控制出砂的做法，通过实施大排量的携砂开采工艺，同时配合原油中溶解气的作用，达到增大孔隙度、提高原油产量的目的。实践证明，该技术开发成本低，操作简单，效果显著。其采油机理主要有两点：一是携砂生产；二是通过原油中的溶解气逸出形成"泡沫油"来降低原油粘度。

地层砂不断被采出，引发两个结果：一是造成油层砂岩的孔隙度增大，渗透性增强；二是因为油砂不断被采出，导致上覆岩层引起压实效应，无形中又促进了原油—泡沫油的流动。二者相辅相成，达到增产的目的。

螺杆泵携砂采油的工艺特点为：① 出砂冷采必须充分激励油井出砂，并尽可能长时间地保持较高的出砂量，激励油井出砂必须在单一油藏环境下进行。② 出砂冷采多采用直井或斜井。③ 鉴于大量出砂的结果，要求出砂冷采井应专门设有沉砂袋，其长度为 10～20 m。④ 为了有效地排出携砂泡沫油流，要求用携砂能力较好的专用螺杆泵，其优点是连续性好、排量大、开采成本低，而且可有效地解决含砂原油的举升问题；缺点是采收率较低，若依靠天然能量开采，采收率仅 10％左右。稠油携砂冷采技术在加拿大和委内瑞拉应用取得了很好的效果。河南油田开展了我国第一口稠油出砂冷采井的矿场试验，目前已进行了规模化推广应用。

## ⊙ 1.3.2 热采技术

热力采油是一项大幅度提高稠油油藏采收率的技术，它始于 20 世纪初，经过几十年的攻关创新,目前已发展成为包括蒸汽吞吐、蒸汽驱、热水驱、蒸汽辅助重力泄油(SAGD)、火烧油层等多种方法的综合性技术。其中蒸汽吞吐和蒸汽驱是使用范围最广、生产规模最大的方法,目前世界上有近80%的热采产量是通过这两种方式来获得的。

### 1.3.2.1　热水驱采油

注热水采油是人们最易想到的开采稠油的方法,它是在常规水驱的开采机理上发展而来的,也是人们最早用于开采稠油的方法。该技术的主要机理是通过注入热流体,原油受热粘度降低,流动性改善,受热区内驱替效率提高,高温区残余油减少,以达到提高采收率的目的。虽然热水驱对稠油的开采效果不如注蒸汽显著,但由于其操作简单,与常规水驱基本相同,因此一直被人们所应用,只不过规模较小。

热水驱采油的技术适应面较广,它既可适用于一次采油后,也可适用于蒸汽吞吐、蒸汽驱后的开发方式接替。但由于热水携带的热量较少,对原油的降粘幅度有限,驱油效率低、采收率低,所以该技术一般适用于地下原油粘度较低的稠油;此外,由于热水的粘度要比常规的注入水粘度低,因此驱替前缘的原油与注入水的流度差要比常规水驱大,从而易导致注热水时水的早期指进。

### 1.3.2.2　蒸汽吞吐采油

蒸汽吞吐工艺是20世纪50年代后期在委内瑞拉的美内·格朗德的蒸汽驱小型试验室偶然发现的,当时缺乏井筒隔热技术,注蒸汽后套管及水泥环损坏严重。出现热流体井喷后,关井一段时间,油却出人意料地以每天100～200 bbl的产量产出,这是世界上第一口"蒸汽吞吐"井。随着试验的成功,该方法在世界范围内被广泛用于稠油开采。50年后的今天,蒸汽吞吐仍是开采稠油的重要方法。

蒸汽吞吐采油方法又叫循环注蒸汽采油法,即先将一定量的高温高压湿饱和蒸汽注入油层,将油井周围有限的区域加热,以降低原油粘度,并通过高温清除粘土及沥青质沉淀物来提高近井地带油层渗透率,焖井散热后开井采油。蒸汽吞吐采油的主要优点是工艺技术相对成熟、施工简单、一次性投资少、增产快,其采油效果及经济效益较好,技术和经济风险较小;其缺点是蒸汽吞吐往往只动用和采出了近井地带稠油,井间仍存在大量死油区。随着吞吐轮次的增加和地层能量的降低,其采油效果和经济效益呈下降趋势,油田采收率较低,因而蒸汽吞吐开采到一定时期就应适时转换开发方式,如蒸汽驱、热水驱或冷水驱等,以便获得更高的采收率和经济效益。

国内在总结近 50 年蒸汽吞吐开发经验的基础上,通过对比、优化国外蒸汽吞吐开发标准,从而制定出适合国内油藏特点的蒸汽吞吐筛选标准(见表 1-5)[6]。

表 1-5 我国稠油蒸汽吞吐开采筛选原则

| 油藏地质参数 | 一等 | | 二等 | | |
|---|---|---|---|---|---|
| | 1 | 2 | 3 | 4 | 5 |
| 原油粘度/(mPa·s) | 50~10 000 | <50 000 | <100 000 | <100 000 | <100 000 |
| 相对密度 | >0.920 | >0.950 | >0.980 | >0.920 | >0.920 |
| 油藏埋深/m | 150~1 600 | <1 000 | <500 | 1 600~1 800 | <500 |
| 油层纯厚度/m | >10 | >10 | >10 | >10 | 5~10 |
| 纯厚/总厚 | >0.4 | >0.4 | >0.4 | >0.4 | >0.4 |
| 孔隙度/% | ≥0.20 | ≥0.20 | ≥0.2 | ≥0.20 | ≥0.20 |
| 原始含油饱和度/% | ≥0.50 | ≥0.50 | ≥0.50 | ≥0.50 | ≥0.50 |
| 储量系数/($10^4$ t·km$^{-2}$·m$^{-1}$) | ≥10 | ≥10 | ≥10 | ≥10 | ≥7 |
| 渗透率/($10^{-3}$ μm$^2$) | ≥200 | ≥200 | ≥200 | ≥200 | ≥200 |

注:表中原油粘度指的是油层温度下的脱气原油粘度。

### 1.3.2.3 蒸汽驱采油

蒸汽驱采油是世界上目前规模最大的热力采油方式。国外最早在 20 世纪 30 年代就开展了蒸汽驱采油的尝试,美国在 20 世纪 60 年代开始进入工业化推广应用阶段。该技术是通过向一口井或多口井连续注入高干度蒸汽,蒸汽将地下原油加热并驱向邻近多口生产井,从生产井将原油连续采出的采油方法。由于注入井是连续注入高干度蒸汽,注入油层中的大量热能使油层温度得到大幅度提升,地下原油在较大范围内得到驱动,从而使采收率得到大幅度提高(一般可达到 20%~30%)。加上蒸汽吞吐,油藏总采收率可达 50%~60%。在开发实践中,蒸汽吞吐和蒸汽驱是注蒸汽采油的两种方式,二者既有本质的区别,又有密切的联系,即蒸汽吞吐为蒸汽驱提供有利的前提条件,蒸汽驱是蒸汽吞吐后续有效的接替开发方式。

国内蒸汽驱筛选标准在参考国外标准的基础上,充分结合国内稠油油藏的开发技术状况和技术发展前景,将蒸汽驱筛选标准按现在技术、近期技术改进及今后技术发展三种情况考虑,经济指标主要按汽油比考虑。国内蒸汽驱筛选标准见表 1-6[7]。

表1-6 国内稠油油藏蒸汽驱筛选标准

| 序号 | 油藏参数 | 一等 | 二等 | 三等 | 四等 |
|---|---|---|---|---|---|
| | | 靠现在技术 | 近期技术改进 | 待技术发展 | 不适于注蒸汽 |
| 1 | 原油粘度/(mPa·s) 相对密度 | 50～1 000 ≥0.920 0 | <50 000 ≥0.95 | >50 000 ≥0.980 0 | |
| 2 | 油层埋深/m | ≤1 400 | ≤1 600 | ≤1 800 | |
| 3 | 油层纯厚度/m 纯厚/总厚 | ≥10 ≥0.05 | ≥10 ≥0.50 | ≥5 ≥0.50 | <5.0 <0.50 |
| 4 | 孔隙度 $\phi$/% | ≥0.20 | ≥0.20 | ≥0.20 | <0.20 |
| | 原始含油饱和度 $S_o$/% | >0.50 | >0.50 | ≥0.40 | <0.40 |
| | $\phi \cdot S_o$ | ≥0.10 | ≥0.10 | ≥0.08 | <0.08 |
| | 储量系数/($10^4$ $m^3 \cdot km^{-2} \cdot m^{-1}$) | >10.0 | >10.0 | >7.0 | <7.0 |
| 5 | 渗透率/($10^{-3}$ $\mu m^2$) | ≥200 | ≥200 | ≥200 | <200 |

### 1.3.2.4 火烧油层

火烧油层技术始于 1920 年,是由 Smith-Dunn 公司在俄亥俄州南部的含蜡油层中取得成功后逐步发展起来的。该技术在 20 世纪三四十年代得以大规模推广,目前已先后开展了 200 多个火烧油层项目,虽然失败的项目数量远远大于成功的项目数量,但由于该技术具有其他热力采油不可比拟的优势,一些公司还在不断尝试。

火烧油层的技术方法是将含氧气体(多用空气)注入到油层中,使其与油层中的原油产生燃烧反应,反应生成的热气体和蒸汽用于加热、裂解和驱动原油。其主要机理有加热降粘、原油高温裂解、气体驱油等。它包括正向燃烧和反向燃烧两种方式,目前较为成熟和常用的方法是正向燃烧。为了能够使火烧油层方案的实施获得较好的技术和经济效益,有关的专家根据现场试验资料和当时的效益情况,就油藏和原油特性提出了火烧油层的选井筛选标准,见表 1-7[7,8]。

近几年,我国(辽河油田杜 66 块)及国外相继开展了蒸汽吞吐后火烧油层的试验,以节省能源,提高采收率。胜利油田也在强水敏的郑 408 区块开展了火烧油层试验,以探索强水敏区块的有效开发方式。

表 1-7　稠油油藏火烧油层的筛选标准

| 作者 | 波特曼 | 吉芬 | 雷温 | 朱杰 | | 爱荷 | | NPC |
|---|---|---|---|---|---|---|---|---|
| 年份 | 1964 年 | 1973 年 | 1976 年 | 1977 年 | 1980 年 | 1978 年 | 1978 年 | 1984 年 |
| 油层深度/m | | >152 | >152 | | | 61~1 372 | >152 | <3 505 |
| 油层厚度/m | | >3 | >3 | | | 1.5~15 | >3 | >6 |
| 孔隙度/% | >20 | | | >22 | >16 | >20 | >25 | >20 |
| 渗透率 /($10^{-3}$ $\mu m^2$) | >100 | | | | >100 | >300 | | >250 |
| 含油饱和度/% | | | >50 | >50 | >35 | >50 | >50 | |
| 原油密度 /(g·cm$^{-3}$) | | >0.807 | >0.800 | >0.910 | >0.825 | >0.825 | >0.800 | >0.849 |
| 原油粘度 /(mPa·s) | | | | <1 000 | | | <1 000 | <5 000 |
| 流动系数 /($10^{-3}$ $\mu m^2$·mPa$^{-1}$·s$^{-1}$) | | >30.5 | >6.10 | | >3.00 | >6.10 | | >1.50 |
| 储量系数 $\phi$·$S_o$ | >0.10 | >0.05 | >0.05 | >0.13 | >0.077 | >0.064 | >0.08 | >0.08 |
| 备注 | 油藏均匀,封闭 | 用于湿烧 | | | | 干烧井距 <420 m | 湿烧 | |

### 1.3.2.5　超稠油的蒸汽辅助重力泄油开采技术

　　蒸汽辅助重力泄油技术(SAGD)适合于开采埋藏浅、厚度大的超稠油油藏。该技术是在 20 世纪 70 年代由 Butler 首先提出的,后经现场试验取得显著效果而得以大规模推广。该技术的采油机理是通过热传导与热对流相结合,以蒸汽作为热源,依靠注入的蒸汽与加热的油水之间的密度差来实现重力泄油。它可通过两种方式来实现:一种方式是在靠近油层底部钻一对上下平行排列的水平井;另一种方式是在底部钻一口水平井,在其正上方或斜上方打一口或多口垂直井。蒸汽从上面的注入井注入油层,注入的蒸汽向上及侧面移动,两种方式都形成一个饱和蒸汽带,蒸汽在蒸汽室周围冷凝,并通过热传导将周围油藏加热,被加热降粘的原油及冷凝水在重力驱动下流到生产井而被采出,如图 1-2、图 1-3 所示。

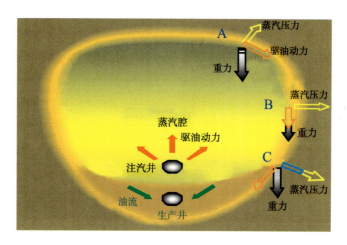

图 1-2　水平井注采组合的 SAGD 示意图

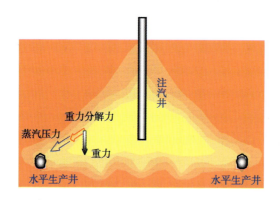

图 1-3　水平井与直井组合的 SAGD 示意图

由于 SAGD 是以流体的重力作为动力，所以对油藏的要求较为严格。首先，油层厚度要足够大，油层厚度越大，重力作用越明显。若油层厚度小，重力作用较小，上下围岩的热损失增大，导致热波及范围小，开发效果差。室内研究和现场试验表明：同井距下的油井产量与油层厚度的平方根近似成正比，因此，SAGD 技术一般要求油层厚度大于 20 m。其次，油藏深度不能太大，深度增加，井筒损失增大，井底蒸汽干度降低，从而在井底无法形成有效的蒸汽腔。一般要求实施 SAGD 技术的油藏埋深不能大于 1 000 m。同时，该技术对储层的渗透率、孔隙度和热物性参数也提出了相应要求（见表 1-8）。

表 1-8　稠油油藏 SAGD 技术筛选标准

| 油藏参数 | 筛选条件 |
| --- | --- |
| 油藏埋深/m | <1 000 |
| 原油粘度/(mPa·s) | >10 000 |
| 有效厚度/m | >20 |
| 孔隙度/% | >20 |
| 水平渗透率 $K_h$/($10^{-3}$ $\mu m^2$) | >500 |
| $K_v/K_h$(小数) | >0.35 |
| 含油饱和度/% | >50 |
| 夹层 | 无连续分布的夹层 |

# 1.4 HDCS强化采油技术的提出

## ⊙ 1.4.1 国内外稠油开发概况

国外注蒸汽开发始于 20 世纪 30 年代。自 1960 年委内瑞拉实施第一口蒸汽吞吐井并取得成功后,蒸汽吞吐技术得以大规模推广应用。同期,在前苏联、加拿大、美国和罗马尼亚等国也相继开展了注蒸汽热采的工艺研究和现场试验,并迅速推广应用。20 世纪 80 年代,蒸汽吞吐、蒸汽驱技术的不断完善,使注蒸汽热采规模达到年产几千万吨,接着,SAGD 技术也开始规模化应用,稠油热力采油技术得到突飞猛进的发展。目前,全世界注蒸汽年采油量已超过 $1.0 \times 10^8$ t,但从国外稠油发展情况看,受油藏类型和资源条件的限制,中浅层稠油开发技术已日趋完善,但中深层(油藏埋深大于 1 000 m)稠油尤其是超稠油的成熟开发技术相对较少,且基本为空白。

国内稠油开发始于 20 世纪 80 年代,自 1982 年辽河油田第一口蒸汽吞吐井开采试验成功后,开采规模不断扩大。截至目前,国内稠油开发大体经历了四个阶段[9]:

☆ 1980～1985 年,为蒸汽吞吐开采技术研究及先导试验阶段;

☆ 1986～1990 年,为蒸汽吞吐技术推广应用和蒸汽驱先导试验阶段;

☆ 1991～1995 年,为改善蒸汽吞吐开采效果及蒸汽驱扩大试验阶段;

☆ 1996 年至目前,为超稠油油藏攻关试验及中浅层超稠油 SAGD 技术推广阶段。

热力采油作为稠油开发的主导技术，"六五"以来，各油田及科研院所开展了大量的科研攻关和现场试验。目前，常规稠油和特稠油的开发技术已成熟配套；中浅厚层超稠油油藏利用 SAGD 技术和化学辅助蒸汽吞吐技术也基本实现了有效开发；对于油藏温度下原油粘度大于 $10 \times 10^4$ mPa·s 的中浅薄层超稠油油藏和中深层超稠油油藏，先后开展过直井蒸汽吞吐、水平井蒸汽吞吐、化学辅助水平井蒸汽吞吐等多种试验，但均未实现有效动用。

由于油层温度下脱气原油粘度大于 $10 \times 10^4$ mPa·s 的超稠油油藏在国内外未动用储量中占有相当大的比重（仅国内即达 $5.2 \times 10^8$ t），要实现有效开发，需开展大量的攻关性试验，且投入高，风险大。为区别起见，我们建议把油层温度下脱气原油粘度大于 $10 \times 10^4$ mPa·s，标准状况下原油密度大于 $0.98$ g/cm³ 的超稠油，定义为特超稠油。

### ⊙ 1.4.2　中深层特超稠油油藏的开发难点

十几年的攻关试验表明，中深层特超稠油油藏开发中面临的问题是多方面的，主要体现在以下几方面：

一是原油粘度高、流动性差。统计胜利油区特超稠油，原油密度在 $0.99 \sim 1.09$ g/cm³ 范围内，油层温度下脱气原油粘度大于 $15 \times 10^4$ mPa·s，最高 $100 \times 10^4$ mPa·s，沥青质含量大于 $14\%$，最高 $20\%$；胶质含量大于 $45\%$，原油流变特性转换温度在 $95 \sim 105$ ℃，现有蒸汽吞吐工艺无法突破产能大关。可以说，原油粘度高、流变性差是造成不能有效开发的根本原因。

二是油层埋藏深、厚度薄。此类油藏的埋深超过 $1\,000$ m，油层厚度一般为 $4 \sim 15$ m。随着埋深增加和油层变薄，注汽压力升高，井筒、地层热损失增大。与辽河油田曙光、欢喜岭稠油油田相比，胜利油区超稠油热采井在现有工艺条件下，注汽压力高、干度低，造成蒸汽吞吐效果极差。

三是油层敏感性强，易伤害。储层泥质含量一般在 $6\% \sim 20\%$，普遍具有较强的敏感性。王庄油田、乐安油田等超稠油区块都具有中等以上的水敏，草109 等部分区块还具有中—强酸敏、速敏、碱敏等多种敏感性，常规注采工艺极易造成储层伤害，致使区块注汽压力高、注汽质量差。

四是油层胶结疏松、岩性细。注采过程中砂粒容易发生二次运移，造成油层堵塞，渗流能力下降，防砂难度大。

五是隔层薄，油水关系复杂。胜利油区超稠油油藏大多具有较强的边底水。以草 109 块为代表的薄互层超稠油油藏，隔层厚度在 $2 \sim 6$ m，油水关系更为复杂，热采井层间防窜工艺配套难度大。

基于上述开发难点,超稠油油藏应用常规蒸汽吞吐工艺时,注汽压力高,热损失大,蒸汽热波及范围小,热效率低,如图 1-4 所示。

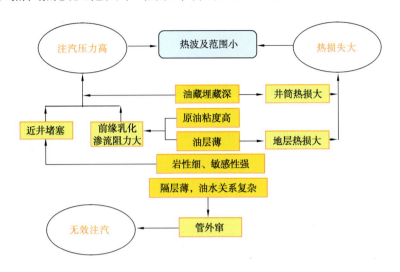

图 1-4 中深层超稠油油藏注汽开发难点关联图

### ⊙ 1.4.3 HDCS 强化采油技术的提出

针对特超稠油油藏埋藏深、原油粘度高,导致注汽压力高、热波及范围小、热损失大和回采效果差的开发现状,胜利油田自 2004 年起,即组织地质院、采油院等多家科研院所有针对性地开展此类油藏的攻关。多年来,通过测井资料二次解释、砂体追踪描述技术和精细油藏描述技术,不断深化油藏地质认识;通过跟踪分析钻井—作业—防砂—注汽—试油试采各环节的工艺技术,细化节点评价,弄清难动因素,确定下一步的思路。

分析认为,中深层超稠油的有效开发应从以下四个方面入手来提高热利用率,并确保技术思路实现:

(1)通过大幅度降低近井地带原油粘度来降低注汽启动压力;

(2)通过大幅度扩大热波及范围和前缘低粘区来确保注汽质量;

(3)通过大幅度改善地层的渗流条件来提高回采能力;

(4)通过应用水平井和配套相应工艺技术来实现有效开发。

依据上述思路,胜利油田科技人员在全方位分析论证、攻关创新的基础上,经过大量的室内实验和现场试验,逐步确立并形成了 HDCS 强化采油技术。HDCS 强化采油技术是一种采用高效油溶性复合降粘剂和二氧化碳辅助水平井蒸汽吞吐,利用其滚动接替降粘、热动量传递及增能助排作用,降低注汽压力、扩大波及范围,实现中深层特超稠油油藏有效开发的技术。HDCS 即水平井(Horizontal well,以下简称 H)、油溶性复合降粘剂(Dissolver,以下简称 D)、二氧化碳(Carbon dioxide,以下简称 C)和蒸汽(Steam,以下简称 S)四个英文词组的首字母组合。

HDCS 强化采油技术自 2005 年开始现场试验,截至 2008 年 12 月,已在中深层特超稠油油藏(王庄油田郑 411、坨 826,乐安油田草 109 和单 133 等区块)和中浅层特超稠油油藏(乐安油田的草 705、草南等)得到了广泛推广应用,共新增动用储量 6 411×10$^4$ t,新建产能 93.2×10$^4$ t。从结束周期的 156 井次生产情况看,平均单井周期注汽压力比此前降低 1~3 MPa,平均单井周期产油量 1 701 t,平均单井周期日产油 10.7 t,周期油汽比 0.84。该技术实现了上述两类油藏的经济有效动用,也为其他类似油藏的开发提供了技术经验。

## 参考文献

1　朱起煌,等译.世界能源展望[2004].北京:中国石化出版社,2006.155~158

2　于连东.世界稠油资源的分布及其开采技术的现状与展望.特种油气藏,2001,8(2):98~103

3　霍广荣,等.胜利油田稠油油藏热力开采技术.北京:石油工业出版社,1999.1~9

4　张义堂,等.EOR 热力采油提高采收率技术.北京:石油工业出版社,2006.3~10

5　张朝晖.国内外稠油开发现状及稠油开发技术发展趋势:〔硕士学位论文〕.中国石油勘探开发研究院,2005

6　刘文章,等.稠油注蒸汽热采工程.北京:石油工业出版社,1997.70~138

7　张敬华,等.火烧油层采油.北京:石油工业出版社,2000.19~21

8　刘文章,等.热采稠油油藏开发模式.北京:石油工业出版社,1998.45~212

9　王乃举,等.中国油藏开发模式总论.北京:石油工业出版社,1999.275~278

# 第二章
## CHAPTER 2

# 超稠油原油特性

石油是组成、结构非常复杂的混合物,目前描述这一体系较为公认的模型为石油胶体溶液模型[1],其中以 Yen 和 Dickie[2]于 1967 年提出的模型最能全面反映沥青质胶束结构,如图 2-1 所示。

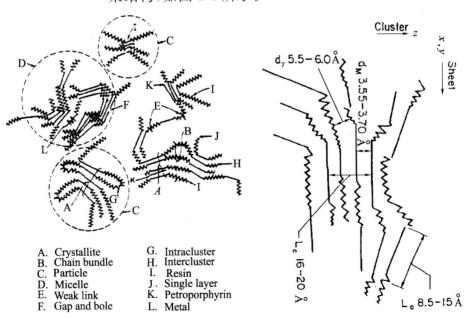

A. Crystallite
B. Chain bundle
C. Particle
D. Micelle
E. Weak link
F. Gap and bole
G. Intracluster
H. Intercluster
I. Resin
J. Single layer
K. Petroporphyrin
L. Metal

图 2-1  渣油胶束模型

该模型指出沥青质为分散相或胶束相,胶质为胶溶剂,油分(饱和分和芳香分)为分散介质或胶束间相,沥青质通过胶质与分散介质作用形成亲液型沥青溶胶。按照这个模型,Yen 指出沥青质是形成胶束的基本单元,它具有强烈的自缔合趋势,其分子中的多环方向结构部分易于堆积为局部有序的结构,同时 Yen 等还揭示了沥青质结构的层次性,认为沥青质胶束还会进一步形成超胶束、簇状物及絮状物。

与一般稠油相比,超稠油中的胶质、沥青质含量高,以胜利油田超稠油油藏为例,胶质、沥青质含量在 50% 左右,最高可达 60%。超稠油中大量的固态烃、沥青质和胶质决定了原油粘度大、流变性能差[3]。对沥青质、胶质的研究表明,它们的分子中含有可形成氢键的羟基、羧基或氨基。沥青质分子之间、胶质分子之间以及沥青质分子和胶质分子之间,由其分子中含有的芳香稠环平面相互重叠堆砌形成 π—π 堆积,而这种较强的分子间作用又被极性基团之间的氢键所固定,形成网状结构(如图 2-2 所示),从而形成了超稠油的高粘度[4~5]。

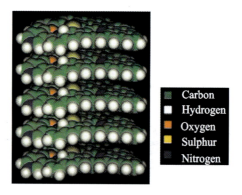

图 2-2　超稠油大分子结构示意图

在超稠油网状体系中,沥青质作为分散相构成了胶粒的胶核,胶质吸附于沥青质上起胶溶剂的作用,芳香分和饱和分作为分散介质,处于最外围[6]。

# 2.1　超稠油的物理性质及结构特点

## ⊙ 2.1.1　超稠油的密度

原油的密度与其组分有很大关系。由于不同油田的地质情况不同,超稠油的密度会有所区别;即使同一油田,不同油井取样原油的密度也会有所区别。表 2-1 为国内外典型超稠油原油密度[7~8]。

表 2-1　国内外典型超稠油原油密度

| 油样来源 | 平均密度/(g·cm⁻³) |
|---|---|
| 胜利王庄油田 | 1.002 |
| 曙光油田 | 0.98 |
| 欢喜岭油田 | 0.99 |
| 加拿大阿萨巴斯卡油田 | 1.014 |
| 加拿大冷湖油田 | 0.985 |
| 委内瑞拉的波斯肯油田 | <1.0 |

## 2.1.2　超稠油粘度特性

粘度反映了流体在流动过程中内摩擦阻力的大小,原油的粘度直接影响它在地下的流动和渗流能力,所以原油粘度是反映原油的流动性能的重要参数之一。原油的粘度与胶质、沥青质的含量密切相关,通常原油含胶质、沥青质越多,其密度越大,粘度越高,并且原油的粘度对原油的流变性有很大的影响。

稠油粘度对温度有很强的敏感性,随着温度升高,稠油粘度降低。这是由于粘度代表流体流动的内摩擦力,而内摩擦力取决于流体的内聚力,影响稠油内聚力的主要因素与胶质、沥青质分子相互形成氢键和分子平面重叠堆砌聚集体有密切关系。随着温度升高,粒子的布朗运动加剧,使这种聚集体的有序程度降低,结构变得松散,原油内聚力降低,粘度也就减小。

超稠油粘度越大,动用越困难,表 2-2 是胜利油田单井超稠油在不同温度条件下的粘度。温度对超稠油粘度的影响极大,温度升高时原油粘度迅速降低。

表 2-2　胜利单井超稠油粘度

| 油样 | 粘度/(mPa·s) | |
|---|---|---|
| | 60 ℃ | 80 ℃ |
| 郑 411-p59 | 112 000 | 14 397 |
| 郑 411-p1 | 328 000 | 38 092 |
| 坨 826-p1 | 384 000 | 39 242 |

普通稠油、特稠油和超稠油对温度的敏感性不一样。图 2-3 是胜利油田普通稠油、特稠油和超稠油粘温曲线的对比。可以看出,超稠油比特稠油和普

通稠油对温度的敏感性要强,并且存在一个温度敏感区,在此区内粘度降低幅度最明显,超出此区后粘度降低的幅度趋于缓慢。升高温度可以降低稠油的粘度,这是稠油油藏进行热力法开采的原因,因此保持较高的地层和井筒温度对稠油的开采是十分重要的。

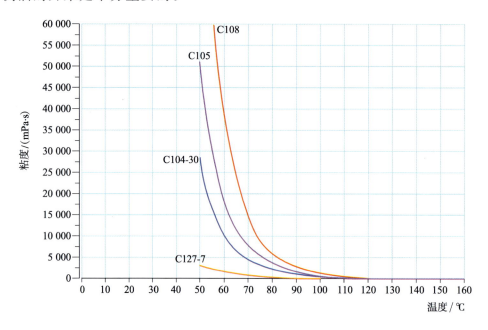

图 2-3   胜利油田不同层系稠油粘温曲线

稠油注蒸汽热采过程中,地层内始终有水存在。超稠油在地层孔隙内和近井带的流动、温度、矿化度,以及超稠油本身的极性组分等众多因素,会导致稠油形成油包水乳化液,造成稠油粘度更高,增加渗流阻力,因此含水对超稠油的粘度有很大影响[9~10]。表 2-3 为郑 411-p2 井不同含水条件下超稠油乳状液的粘度。

表 2-3   郑 411-p2 井不同含水原油粘度变化

| 温度/℃ | 原油粘度/(mPa·s) | | | |
|---|---|---|---|---|
| | 含水 0 | 含水 10% | 含水 30% | 含水 50% |
| 50 | 252 000 | 312 000 | — | — |
| 60 | 55 279 | 74 961 | 137 000 | 212 000 |
| 65 | 30 092 | 43 216 | 73 227 | 126 000 |
| 70 | 15 889 | 20 128 | 40 536 | 65 157 |
| 75 | 9 712 | 15 876 | 25 614 | 45 089 |
| 80 | 6 167 | 8 854 | 15 412 | 25 913 |

由表 2-3 可以看出,在 60 ℃下,脱水稠油和含水分别为 0、10％、30％、50％的稠油粘度分别为 $5.5×10^4$ mPa·s、$7.5×10^4$ mPa·s、$13.7×10^4$ mPa·s和 $21.2×10^4$ mPa·s;含水稠油粘度与脱水稠油粘度相比,分别增加了 1.36 倍、2.48 倍和 3.84 倍,并且在其他实验温度下也具有同样的规律。另一方面,随着温度的升高,相同含水的原油粘度急剧降低,这一规律与脱水稠油类似。

## ⊙ 2.1.3　超稠油组分构成

超稠油与常规原油性质不同,表现在直馏馏分少,粘度极大,重组分多,其性质与常压渣油甚至是减压渣油类似[11],因此在石油化学上将稠油(或超稠油)与渣油统称为重油,其粘度大小主要由重组分中的胶质、沥青质性质所决定。

胶质、沥青质在超稠油中含量很高,而饱和分和芳香分含量相对较少,这是造成超稠油流动性能差的根源。胶质、沥青质的基本结构单元是缩合的稠环芳香烃片层,环上以及环与环之间连接有丰富的甲基、短脂肪链和环烷烃的取代基,且分子中含有 N、O、S 等杂原子以及 V、Ni 等金属离子,这些结构导致沥青质分子在原油体系中卷曲、盘旋,形成空间网状结构[12~13],致使流动时分子间摩擦阻力变大,粘度急剧上升。

表 2-4 是胜利油田超稠油单井四组分分析结果及粘度。由表 2-4 可以看出:郑 411-p1 井超稠油饱和分质量分数为 24％,芳香分质量分数为 24.5％,胶质含量最高,为 38.61％,沥青质含量为 12.89％。坨 826-p1 井超稠油油藏沥青质含量较高,为 18.11％,比郑 411-p1 井高出 5.22％;饱和分含量相对较少,为 18.87％,比郑 411-p1 井低 5.13％;胶质和芳香分含量分别为 27.93％和 35.09％,与郑 411-p1 井也有一定的差别。

**表 2-4　胜利单井超稠油粘度及四组分含量**

| 油样 | 组分质量分数/％ | | | | 粘度/(mPa·s) | |
| --- | --- | --- | --- | --- | --- | --- |
| | 沥青质 | 胶质 | 芳香分 | 饱和分 | 60 ℃ | 80 ℃ |
| 郑 411-p1 | 12.89 | 38.61 | 24.5 | 24 | 328 000 | 38 092 |
| 坨 826-p1 | 18.11 | 27.93 | 35.09 | 18.87 | 384 000 | 39 242 |

表 2-5 是国内典型稠油油藏四组分含量对比,其中河南[14]、辽河[15]超稠油油藏的沥青质含量低于 10％,而胜利超稠油油藏的沥青质含量均大于 10％,坨 826 油藏的沥青质含量高达 18.11％。

表 2-5　国内典型稠油油藏粘度及四组分含量

| 油样 | 组分质量分数/% | | | | 粘度/(mPa·s) |
|---|---|---|---|---|---|
| | 沥青质 | 胶质 | 芳香分 | 饱和分 | |
| 郑 411 | 12.67 | 37.62 | 25 | 24.71 | 158 632(60 ℃) |
| 坨 826 | 18.11 | 27.93 | 35.09 | 18.87 | 384 000(60 ℃) |
| 曙光油田 | 6.82 | 43.63 | 27.36 | 22.19 | 88 545(50 ℃) |
| 南阳油田 | 8.6 | 47.4 | 10.8 | 33.2 | 4 319(50 ℃) |

为了能够更为清楚地区分不同稠油之间的差异,还可以对四组分的相对分子质量加以对比。对于石油及其产品这种不均一的多分散体系,用不同的方法可以得到不同定义的平均相对分子质量,目前测定平均相对分子质量的方法有数均相对分子质量、重均相对分子质量、粘均相对分子质量和 Z 均相对分子质量。数均相对分子质量目前广泛应用于测定石油的相对分子质量;重均相对分子质量在石油上应用较少,它是用光散射等方法测定的,其定义是体系中具有各种相对分子质量的分子的质量分率与其相应的相对分子质量的乘积的总和;粘均相对分子质量是用粘度法测得的,它应用于高分子溶液体系;Z 均相对分子质量则是用超级离心沉淀法测得的,现在很少应用。

通过组分分析可以将超稠油分离为饱和分、芳香分、胶质、沥青质四类组分,四类组分中相对分子质量从小到大顺序依次排列为饱和烃、芳香烃、胶质、沥青质。表 2-6 为胜利超稠油单井组分数均相对分子质量,其中饱和分相对分子质量介于 440～490 之间,平均为 470;芳香分相对分子质量介于 540～610 之间,平均为 566;胶质的相对分子质量介于 1 310～1 380,平均为 1 358;沥青质的相对分子质量介于 3 200～4 160,平均为 3 626。

表 2-6　胜利超稠油单井组分数均相对分子质量

| 油样 | 粘度(60 ℃) /(mPa·s) | 组分相对分子质量 | | | | 原油相对分子质量 |
|---|---|---|---|---|---|---|
| | | 饱和分 | 芳香分 | 胶质 | 沥青质 | |
| 郑 411-p59 | 112 000 | 490 | 540 | 1 370 | 4 160 | 786 |
| 郑 411-p1 | 328 000 | 480 | 560 | 1 360 | 3 610 | 795 |
| 郑 411-p4 | 73 580 | 470 | 550 | 1 370 | 3 550 | 768 |
| 郑 411-p45 | 189 000 | 470 | 570 | 1 380 | 3 610 | 780 |
| 坨 826-p1 | 384 000 | 440 | 610 | 1 310 | 3 200 | 785 |

超稠油四组分相对分子质量比普通稠油的相对分子质量高出很多,表 2-7 为唐黎平、杨志琼[16]对国内新疆、大港、辽河、山东、江汉、泌阳等油田的 19 个

稠油样品的测定结果,其中饱和烃、芳香烃、胶质和沥青质的平均相对分子质量分别为 398.6,418.5,978.0 和 1 634.8,远远低于胜利油田超稠油对应组分的相对分子质量。油品性质不同,稠油原油相对分子质量也会有所差别,一般情况下原油越稠,其相对分子质量越大。胜利单家寺油田原油的相对分子质量为 686.2,辽河高升油田和曙光油田原油的相对分子质量平均为 668.7,新疆克拉玛依油田九浅 l 井原油的相对分子质量仅为 372.5。

表 2-7　国内部分稠油组分相对分子质量

| 地区 | 井号 | 原油相对分子质量 | 组分相对分子质量 | | | |
|---|---|---|---|---|---|---|
| | | | 饱和烃 | 芳香烃 | 胶质 | 沥青质 |
| 新疆 | 新 9147 | — | — | — | 1 032.4 | 1 330.1 |
| 辽河 | 锦 8-13-43 | — | — | — | 860.8 | 1 253.8 |
| | 锦 2-丙 5-055 | — | — | — | 805.0 | 1 254.5 |
| | 锦 7-32-30 | — | — | — | 829.3 | 1 232.2 |
| | 高 2-4-6 | — | — | — | 1 075.3 | — |
| | 高 3-6-12 | — | — | — | — | 4 043.4 |
| | 曙 1-36-234 | 646.3 | — | — | 1 377.7 | 2 084.4 |
| 江汉 | 王 1-31-3 | 641.1 | — | — | 852.1 | 2 032.0 |
| | Y32 | 588.8 | — | — | 1 321.7 | 1 672.4 |
| 泌阳 | 楼 2 | 488.4 | 393.4 | 362.5 | 1 020.2 | 856.7 |
| | 楼 8 | 480.1 | 421.1 | 464.7 | 917.0 | 1 165.3 |
| | 泌 125[①] | 492.7 | 385.2 | 418.6 | 988.9 | 1 827.0 |
| | 泌 125[②] | 506.6 | 394.7 | 428.3 | 755.6 | 1 124.3 |
| | 平均 | 524.6 | 398.6 | 418.5 | 978.0 | 1 634.8 |

## 2.2 超稠油的流变特性及渗流特征

### ⊙ 2.2.1 超稠油的流变特性

原油的流变性取决于原油的组成,即原油中溶解气、液体和固体物质的含量,以及固体物质的分散程度。根据其分散程度,原油属于胶体体系,固体物质(蜡晶、沥青质为核心的胶团)构成了这个体系的分散相,而分散介质则是液态烃和溶解于其中的天然气。当原油中固体分散相的浓度很大时,原油具有明显的胶体溶液性质,并表现出复杂的非牛顿流体流变性质,超稠油的非牛顿特性尤为明显。

原油中的胶体特性,尤其是分散相的含量、颗粒形状与尺寸絮凝结构性质等,决定了原油的流变性。稠油中的分散相是具有超分子结构的胶质沥青质聚集体,尺寸为 $10\sim60~\mu m$,并且这类聚集体不成球形,它们在一个方向上的尺寸比较大,而在其垂直方向上的尺寸则显著较小[17]。胜利超稠油中胶质、沥青质含量一般在 $50\%$ 以上,因此这类聚集体在超稠油中的数量比其他原油中要多很多,其粘度也要比其他类型原油高很多。

随着温度的升高,稠油的非牛顿特性会逐渐消失,转变为牛顿流体的流变特性。对于普通稠油、特稠油和超稠油来说,存在着一个临界温度点 $T_c$,当温度 $T>T_c$ 时,原油流变行为表现牛顿流体流变特性;当温度 $T<T_c$ 时,原油流变行为表现非牛顿流体的流变特性,存在着一定的屈服值,即流体刚刚开始流动时的最小剪切应力值。每一种原油的 $T_c$ 是不同的,在温度小于 $T_c$ 时,普通稠油、特稠油、超稠油一般都符合具有一定屈服值的宾汉流体的流变行为,其本构方程可用下式表示:

$$\tau = \tau_0 + \mu\dot{\gamma} \tag{2-1}$$

式中:$\tau$——剪切应力,Pa;

$\tau_0$——屈服应力,Pa;

$\mu$——粘度,mPa·s;

$\dot{\gamma}$——剪切速率,$s^{-1}$。

一般来讲,普通稠油的临界温度点要高于 $60~℃$,特稠油高于 $70~℃$,超稠油高于 $100~℃$。从理论上讲,高于此温度点时,稠油在地层内才能很好地流动,保障油井的供液能力。临界温度点是稠油流变特性的一个很重要的参数。高于临界温度点时,表现为牛顿流体的流变行为,可用下式表示其流变模式:

$$\tau = \mu\dot{\gamma} \tag{2-2}$$

随着温度升高,稠油流变曲线的斜率逐渐减小,油品不同,流变曲线斜率减小的幅度也不一样。一般来讲,降低幅度超稠油大于特稠油,特稠油大于普通稠油,这也反映了不同类型的稠油对温度的敏感性。图 2-4 是辽河超稠油在不同温度下的流变曲线,图 2-5 是辽河普通稠油在不同温度条件下的流变曲线,由图可以看出,在不同的温度范围内,原油流变曲线的变化幅度也不一样,说明稠油在不同的温度范围内对温度的敏感性有所区别。普通稠油临界温度一般高于 $60~℃$,特稠油的临界温度一般高于 $70~℃$,超稠油临界温度一般高于 $90~℃$。

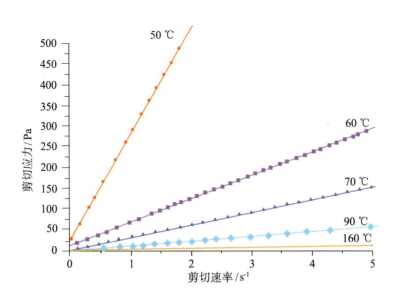

图 2-4　辽河超稠油流变曲线

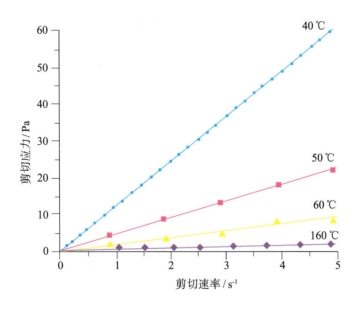

图 2-5　辽河普通稠油流变曲线

　　屈服值的大小直接反映原油在一定温度条件下,由变形到流动时的一个条件,理论上当原油在驱动压力大于这个值时才开始流动。屈服值是由于稠油中胶质、沥青质含量较高而且易形成一定的空间网状结构,造成了稠油流动时有很大的粘滞阻力。屈服值就反映了破坏这种结构所需的最小剪切应力的大小,也反映了流体流动时所需的初始压力的大小,此值越大,需要的初始压力也就越大。随着温度的升高,这种网状结构性能变弱,屈服值也就减小。

由于超稠油中胶质、沥青质含量高于特稠油,而特稠油又高于普通稠油,所以在相同的温度条件下,超稠油有较大的屈服值。表2-8为辽河油田不同类型稠油屈服值随温度变化情况,可以看出,在较低的温度(40 ℃)下,超稠油屈服值比特稠油、普通稠油高出一个数量级以上。随着温度降低,超稠油屈服值急剧增加,使得初始启动压力梯度也急剧增加,造成稠油在地下或井筒中无法流动,不能正常生产。因此,在开采超稠油时,要确保地层和井筒有较高的温度,使之很好地流动。

表2-8  不同类型稠油屈服值随温度变化

| 原油类型 | 屈服值/Pa | | | | | | |
|---|---|---|---|---|---|---|---|
| | 40 ℃ | 50 ℃ | 60 ℃ | 70 ℃ | 80 ℃ | 90 ℃ | 100 ℃ |
| 普通稠油 | 2.195 2 | 0.98 | 0.18 | — | — | — | — |
| 特稠油 | 6.812 2 | 2.43 | 0.64 | 0.24 | — | — | — |
| 超稠油 | 87.97 | 23.34 | 6.42 | 2.12 | 0.956 3 | 0.45 | 0.12 |

## ⊙ 2.2.2  超稠油开采的渗流特征

Mirzadjanzade 研究发现稠油渗流不遵循达西定律,而近似于宾汉流体的渗流特征。在从石油结构开始遭到破坏时到结构完全被破坏之间的压力梯度范围内,渗流速度与压力梯度呈现非线性渗流关系,这个过渡区间是比较窄的,随着温度的升高或形成结构组分的含量减小,此过渡区间减小。随着压力梯度的不断增加,达到结构极限的破坏时的压力梯度时渗流速度与压力梯度呈现拟线性关系。

图2-6是辽河冷家堡油田普通稠油在53 ℃条件下的单相渗流特征[18],其原油性质见表2-9。

表2-9  辽河冷家堡油田原油物性

| 油样 | 原油物性 | | | |
|---|---|---|---|---|
| | 密度/(g·cm⁻³) | 粘度(50 ℃)/(mPa·s) | 胶质与沥青质质量分数/% | 凝固点/℃ |
| 普通稠油 | 0.962 5 | 4 937 | 37.3 | 15 |
| 超稠油 | 0.997 5~1.001 3 | 240 000 | 53.7 | 37.5 |

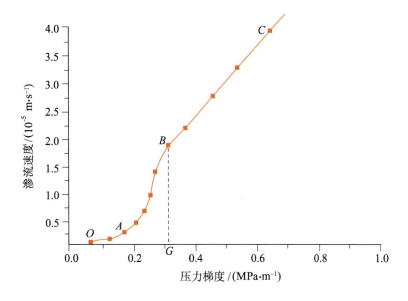

图 2-6　53 ℃条件下普通稠油单相渗流曲线

由图可以看出,在较小压力梯度下,稠油就开始流动,渗流曲线可划分成三个部分。

(1) O—A 部分:在较小的压力梯度范围内,随着压力梯度的增加,渗流速度增加非常缓慢,近似于平缓的拟线性段,此时渗流速度非常小。这主要是因为在较小的压力梯度下,胶质和沥青质所形成的空间结构遭到破坏与恢复是平衡的,整个稠油渗流实际上没有破坏这种空间结构的蠕动。

(2) A—B 部分:随着压力梯度的增加,渗流速度增大,渗流曲线由曲线逐渐向直线过渡,在此区域内,随着压力梯度的增大,逐渐打破了这种空间结构破坏与恢复的平衡状态,随着这种结构逐渐被破坏,渗流的流动阻力在减小,渗流速度明显增加。

(3) B—C 部分:在较高的压力梯度范围内,渗流速度与压力梯度呈拟线性关系,表现为牛顿流体的流动状态。这部分相当于这种空间结构完全受到了破坏,流动阻力降到最小。由曲线过渡为拟线性时所对应的压力梯度大小定义为初始启动压力梯度,只有当压力梯度大于此值时,稠油才能很好地流动起来。53 ℃条件下此稠油的初始启动压力梯度大约是 0.316 MPa/m。

图 2-7 是辽河冷家堡油田超稠油在不同温度条件下的单相渗流曲线。从图可以看出,超稠油的渗流曲线与普通稠油类似,也可分为三个部分:在较低压力梯度范围内的低速渗流区;随着压力梯度的增大,渗流曲线过渡区;在较高压力梯度下的拟线性区。

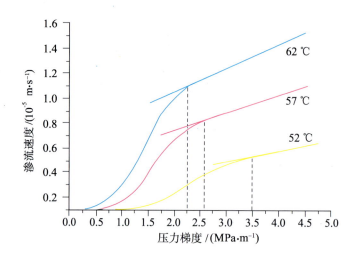

图 2-7　不同温度条件下超稠油单相渗流曲线

在 52 ℃时,超稠油初始启动压力梯度大约是 3.52 MPa/m,在 57 ℃时初始启动压力梯度大约是 2.61 MPa/m,在 62 ℃时初始启动压力梯度大约是 2.29 MPa/m。与普通稠油相比,超稠油具有较大的初始启动压力梯度,这说明超稠油具有较强的结构特性,流动起来更困难。

随着温度的升高,稠油的胶质和沥青质所形成的空间结构强度降低,由于分子热运动加强,微粒之间的相互作用减弱,初始启动压力梯度也就相应减小。当温度高于临界温度点时,屈服值为零,初始启动压力梯度也为零,此时流动符合达西定律。图 2-8 是辽河冷家堡普通稠油在较高温度下的渗流曲线。

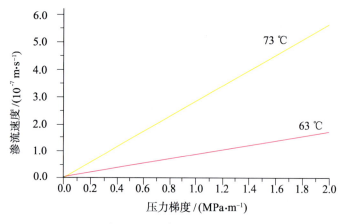

图 2-8　较高温度下普通稠油单相渗流曲线

由图可以看出,渗流速度与压力梯度呈线性关系,表现为达西渗流特征。因此不管是普通稠油还是超稠油,在开采过程中最为重要的就是提高地层温度,减小渗流阻力。对于超稠油来说,由于其临界温度较高、初始启动压力梯度大,导致其流动困难,因此除提高温度外,还可考虑采用化学方法降粘,降低其初始启动压力梯度。

## 参考文献

1 王宗贤.渣油悬浮床加氢裂化生焦及抑焦机制:〔博士学位论文〕.石油大学(华东),1999

2 Dickie J P, Yen T F. Macrostructures of the asphaltic fractions by various instrumental method. Anal. Chem. ,1967,39(14):1 847~1 857

3 朱战军,林壬子,汪双清.稠油主要族组分对其粘度的影响.新疆石油地质,2004,25(5):512~513

4 秦匡宗,郭绍辉.石油沥青质.北京:石油工业出版社,2002.24~75

5 程亮,杨林,罗陶涛,等.稠油分散体系中黏度与化学组成的灰熵关系分析,2007,22(3):92~95

6 Rogel E. Simulation of interactions in asphahene aggregates. Energy & Fuels, 2000,14(3):566~574

7 顿铁军,吕建辉,刘谦,等.辽河稠油研究进展.西安:西安地图出版社,2000.4~8

8 张锐.稠油热采技术.北京:石油工业出版社,2000.4~8

9 孟江,向阳,魏小林,等.高内相稠油油包水乳状液流变性研究.西南石油大学学报,2007,29(2):122~124

10 喻高明.超特稠油流变性综合研究.河南石油,2004,18(3):40~43

11 王继乾.添加物对渣油热反应生焦的影响及作用机理研究:〔博士学位论文〕.中国石油大学(华东),2006

12 Juan M,José A A, Otto P S. Molecular Recognition in Aggregates Formed by Asphaltene and Resin Molecules from the Athabasca Oil Sand. Energy & Fue 1s, 1999, 13(2):278~286

13 程亮,邹长军,杨林,等.稠油化学组成对去粘度影响的灰熵分析.石油化工高等学校学报,2006,19(3):6~10

14 苏铁军,郑延成.稠油族组成与粘度关联研究.长江大学学报(自然科学版)理工卷,2007,4(1):60~62

15 范洪富,刘永建,钟立国.油层矿物对蒸汽作用下稠油组成与粘度变化的影响.油田化学,2001,18(4):299~301

16 唐黎平,杨志琼.重质原油及各组分数均分子量的测定及地球化学意义.石油实验地质,1989,11(3):255~263

17 李传.渣油胶体流变性的研究:〔博士学位论文〕.中国石油大学(华东),2007

18 赵东明.稠油渗流特征实验研究:〔硕士学位论文〕.西安石油大学,2004

# 第三章 CHAPTER 3

# HDCS强化采油技术各要素的主要作用

HDCS 强化采油技术是一种采用油溶性复合降粘剂及超临界 $CO_2$ 辅助水平井蒸汽吞吐的超稠油开采技术,它由水平井、油溶性复合降粘剂、超临界 $CO_2$ 和蒸汽四个关键要素构成。其中水平井是 HDCS 强化采油技术的基础,高效油溶性复合降粘剂的强降粘作用是保证,超临界$CO_2$的溶胀、降粘作用是关键,最终提高注汽质量是核心,而 HDCS 的协同作用是实现超稠油油藏开发的根本。

## 3.1 水平井在超稠油开发中的作用

水平井技术在石油工业,特别是在激励油藏有更高的生产能力方面,已产生了巨大的影响。直至 1978 年加拿大 ESSO 资源公司在冷湖(Cold Lake)油田完钻第一口水平井并获得了高产油流,水平井在各类油藏中的应用才迅猛发展起来。今天,水平井相关技术的发展达到了一个极高的水平,广泛应用于边底水油藏、低渗透油藏、稠油油藏及滩海油藏等。它是目前国内外普遍推崇的 MRC(最大油藏接触)技术中应用最为广泛和最成熟的技术[1]。

针对超稠油的开发,水平井也有其独特的优势:

(1)采用水平井可以提高吸汽面积和泄油面积

较大的油藏接触面积在注汽热采条件下,可以大幅度地提高油井吸汽面积和泄油面积,从而起到降低注汽压力和回采流动阻力的作用。注汽压力的降低可以大幅度地提高蒸汽热焓,同时提高蒸汽在井下的比容,达到提高波及面积的效果;回采流动阻力降低可以大幅度地提高油井产量,延长周期高产时间,提高吞吐效果。

在稠油油藏中,水平井为油层直接注入更多的能量、减少上下围岩的热损失提供了一种手段。水平井较直井注汽压差小,吸汽指数大,是直井的3~5倍;注汽速度高,可达直井的2~3倍或更大。该特点有利于减少地面及井筒热损失,提高热能利用率。水平井还具有较强的产液及产油能力。1口水平井相当于3~4口直井的产能。水平井的峰值产液、产油量均为直井的3倍以上,周期产油量为直井的3.4~9.1倍。直井与水平井的注汽情况如图3-1所示。

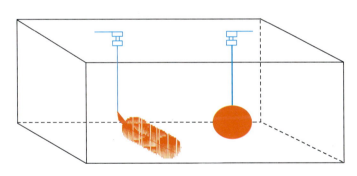

图 3-1 直井与水平井注汽三维示意图

(2)水平井流动效率高,波及范围大

水平井与直井相比较,无论是注入过程,还是采出过程,水平井的流动状态均为线性流动,这比直井的径向流动更有效,主要表现在以下几点:① 线性流动比径向流动流速小、阻力小,特别是在近井地带炮眼附近,水平井井底流速比直井低很多,流动摩阻大幅度降低,因此可以降低注汽压力和回采流动阻力。② 水平井可以使蒸汽在较小的半径下与更多的原油进行热交换,蒸汽加热同等质量原油所需运移的距离小,不仅可以降低注汽压力,还能大幅度提高蒸汽的波及系数,提高蒸汽的效率,最终提高采收率。

(3)水平井可以大幅度提高DCS综合协同效果

采用水平井有利于油溶性复合降粘剂、二氧化碳、蒸汽的充分混合,充分发挥二氧化碳的高效降粘、传质、传热作用,延长 DCS 复合作用时间,提高其综合协同效果,这一部分将在第四章第 1 节重点介绍。

（4）生产压差小,有利于控制水锥和出砂

通过使油井在低于临界流速下生产,水平井为减少气水锥进提供了一种手段,而且还提供了更长的"射孔"段来产出更多的原油。由于有更长的井眼暴露于油层,因此,水平井眼附近产生的压力汇不太强烈。这样就不会像垂直井那样,压力汇集中在一个小区域内。因此,在相同产油速度下,水平井造成的水的锥进要弱,换句话说,水油比更小。在稠油油藏中,这种因素甚至更有利,因为水平井可以提供一个更长的无水采油期。

生产压差的降低,有利于油井出砂和堵塞的控制。一方面,生产压差的降低,可以使油藏出砂程度降低,甚至不出砂;另一方面,长井段和低出砂强度可以使防砂水平井堵塞发生的几率大幅度降低。这一点对薄层和细粉砂热采稠油油藏十分重要,部分采用直井无法开采的油藏采用水平井开发却获得了极好的经济效益,就是这一原因起到了主导作用。

水平井超覆能量利用及边底水控制如图 3-2 所示。

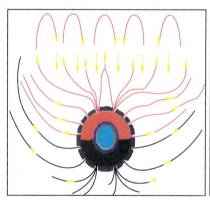

图 3-2　水平井超覆能量利用及边底水控制示意图

（5）水平井可避免直井超覆影响,热能利用率高

水平井开采能够避免直井开采中,上部高温流体被快速采出造成的能量浪费。国内外现场试验也证明,即使是常规水平井热采,也有井口温度高、温降慢、高温采油期长的特点。统计资料显示,多数水平井各周期井口温度大于 80 ℃ 的生产时间长达 60 d 以上,高温采油期长。而直井井口温度在 80 ℃ 以上的生产时间一般在 20 d 以内。通过数值回归,水平井中后期井口温度随时间变化的关系为:

$$Y = 91.112\,8X^{\mathrm{e}^{-0.004\,712X}} \tag{3-1}$$

直井中后期井口温度随时间变化的关系为：

$$Y = 85.634\,3X^{\mathrm{e}^{-0.006\,374X}} \tag{3-2}$$

式中：$X$——时间，d；

$Y$——井口温度，℃。

可以看出，水平井井口温度递减率明显低于直井，故采油过程中温降慢。水平井温度变化特征反映了其热损失小，热能利用率高的优点。

（6）控制区域大，占地少，环境问题小

显然，根据生产指数，一口水平井可以与几口垂直井相等效。这意味着需要的井数少、占地少、地面活动少，而且更重要的是环境问题小。水平井不仅能增加产量，提高采收率，从而加快资金周转，而且有可能开发过去认为不经济的油气藏。

（7）成熟配套的水平井工艺技术，能够处理直井难以解决的复杂问题

有些在直井上难以解决的复杂问题，在水平井上进行工艺配套往往能够得到很好的解决，例如油水层间隔层薄的问题，在直井热采中往往是难以解决的致命问题，不少井因这一问题报废；利用水平井技术，可采用先期封窜技术实现上水层与下油层的有效分隔，对于上油层、下水层，只需不钻穿油层，即可完全实现自然分隔。

## 3.2　油溶性降粘剂的研制及在超稠油开发中的作用

粘度大、流动能力差是制约超稠油油藏开发效果的关键因素，超稠油的这种特性导致了注汽压力高、蒸汽比容低，蒸汽的热波及体积小，产油量低。因此，有效降低原油粘度、改善原油流动性是实现超稠油注汽开发的关键环节。

水基乳化类的降粘剂经过几十年的发展，在稀油注水和稠油冷采开发中，以及稠油地面集输系统广泛应用，原油粘度最高超过上百万毫帕秒，但在热采井井下注汽采油方面，也只限于粘度最高为 $10 \times 10^4$ mPa·s 的超稠油油藏，鲜有粘度大于 $20 \times 10^4$ mPa·s 的中深层超稠油油藏应用乳化降粘技术成功实现井下注汽采油的报道。这是由于水基乳化类降粘剂的降粘过程需要四个基本条件，即合适的乳化剂、搅拌混合、适宜的含水和温度。中深层超稠油常规蒸汽吞吐，井底注汽干度低，热波及范围小，蒸汽渗流搅拌条件差，含水和温度条件也差，原油不能有效乳化降粘。随着原油粘度的增加，乳化降粘效果差的问题愈发突出。近几年，国内外进行了油溶性降粘剂的研制，但开发难度

大,研究进展缓慢,尚未见到油溶性降粘剂成功用于井下注汽采油的实例报道。

## ⊙ 3.2.1 油溶性降粘剂应用现状

### 3.2.1.1 油品粘度的影响因素分析

影响油品粘度的因素主要有以下几个方面[2]:

(1)油品组分性质

敬加强等人通过灰色关联分析法比较原油体系中各对比因素(组成)与参考因素即母因素(粘度)的关联程度,得出原油组成对其粘度影响的重要程度顺序为:$Ni > V =$ 胶质 $=$ 残碳 $=$ 沥青质 $> N > S >$ 蜡,即 $Ni$ 是影响原油粘度的最关键因素,而 $V$、沥青质、胶质和残碳对原油粘度几乎具有同等重要的影响。

(2)静电场与超声波的影响

DLVO 理论认为,胶粒之间既存在着斥力位能,又存在着引力位能。前者是由于带电胶粒相互靠拢时形成双电层交叠产生的静电排斥力,后者是由于长程范德华引力而形成的。胶粒之间的总位能 $U$ 可用其斥力位能 $U_R$ 和引力位能 $U_A$ 之和来表示。斥力位能和引力位能的相对值决定了胶体的稳定性。总位能 $U$ 随粒子间距离的变化如图 3-3 所示。

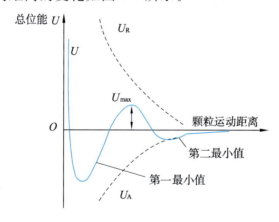

图 3-3　总位能 $U$ 随粒子间距离变化曲线

在位能曲线上有一个势能峰值和两个势能最小值。两个最小值中,距离较近且较深的称为第一最小值,距离较远且较浅的称为第二最小值。峰值的大小构成了阻碍胶粒聚结的位垒($U_{max}$),如果胶粒要发生聚结,则必须越过这一位垒才能实现。通常情况下胶粒在第一最小值处聚结,形成结构、性质较为稳定的物质;但对于较大的粒子特别是形状不对称的粒子如片状粒子或棒状粒子,则很容易出现第二最小值而且深度较大,胶粒聚结可以在第一和第二最小值处同时发生。胶粒在第二最小值处发生聚结,则形成结构松散的物质。

因此,在石油流变性研究中有不少学者考察电磁场对其流变性的影响。

静电场处理原油,能够利用分子的有序排列,减少原油流动阻力,防止大颗粒结晶分子的形成;可以在瞬间完成原油分子结构的有序排列,且具有记忆功能。图3-4是直流电场对沥青质悬浮液流变性的影响,结果表明,沥青质悬浮液在低电场强度下,流体为近牛顿流体,随着电场强度增加,流体逐渐转变为宾汉流体,粘度出现最大值;当电场强度增高到一定值时,粘度—场强曲线

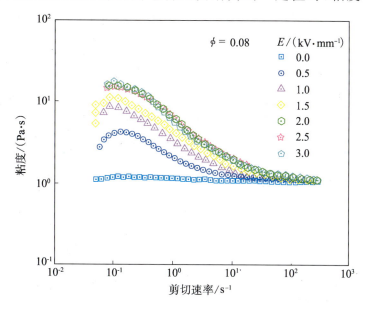

图3-4 沥青质悬浮液粘度随直流电场强度变化关系

线型基本不变,这是因为在电场作用下,极性颗粒间极化作用,分子间的极性力在电场作用下控制流体作用,使极性颗粒向电极方向移动,削弱沥青质稳定结构;在颗粒间极化作用、分子间的极性力、电场力三种力作用中,颗粒间极化作用倾向于使沥青质重组结构,当三种力达到平衡时,粘度达到最高点。图3-5显示了沥青质结构随电场强度的变化。

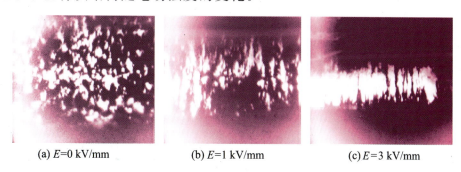

(a) $E=0$ kV/mm      (b) $E=1$ kV/mm      (c) $E=3$ kV/mm

图3-5 沥青质聚集体结构随电场强度的变化

（3）添加物的影响

Mohamed 等研究表明,非离子表面活性剂对沥青质的分散有着较好的促进作用;Anto^nio 等研究了非离子表面活性剂、阴离子表面活性剂、胺、苯酚以及聚合物的添加对 $C_5$、$C_7$ 沥青质的分散作用,发现这些添加剂对沥青质均具有较好的分散效果,并且指出添加剂与重油和沥青质之间均可能存在显著的作用力（可能包括与添加剂极性和非极性基团间的空间作用力）,而且他还注意到 $C_5$ 沥青质中含有的部分胶质分子并不影响沥青质与添加剂特性官能团之间的作用,然而对添加剂作用的位置是在沥青质分子上还是沥青质缔合胶束上却仍不清楚,但是可以肯定的是,这些添加剂的两亲分子结构对体系胶体性质的稳定具有促进作用。

在 20 世纪 90 年代,Gonza^lez,Middea,Chang,Fogler 和 Boer 等分别研究指出,添加剂对沥青质的分散和沉积抑制的研究不能仅仅停留在作用效果上,应该更多地研究沥青质的稳定性和胶溶状态。Chang、Fogler 与 Boer 分别研究指出在沥青质分散过程中主要发生的是酸—碱作用,沥青质是以碱的形式发生作用。Anto^nio 等研究结果表明,十二烷基苯磺酸（DBSA）相比于其他添加剂,对沥青质的分散起着最显著的效果,从而在一定意义上印证了 Fogler 等人的观点;同时他对非离子表面活性剂进行研究时发现,辛酸在大量存在时也能很好地促进沥青质的分散,从而印证了 Mohamed 等人的研究结果。

李传等通过重油四组分含量、数均相对分子质量变化、元素分析、流变性参数法和 SAXS 计算结果,研究了活性添加剂对重油流变性能影响的机理,结果表明:长链胺类、部分阴离子活性添加剂和酸类能改善重油的流动性能。这些活性添加剂是通过吸附作用于重油沥青质表面,脱除部分沥青质结构单元,使沥青质缔合度和胶粒粒径减小,从而使重油流动性能改善。同时,活性添加剂在改善重油流变性能的过程中存在最佳值,这是由活性添加剂在沥青质表面的最大吸附量决定的,其最大吸附量与活性添加剂头部官能团和沥青质发生酸—碱作用的强弱有关。

### 3.2.1.2　国内外油溶性降粘剂的发展概况[3~7]

国外关于稠油油溶性降粘剂的报道极少,大多数是以降凝剂为主的流动改进剂成功应用于高凝、高粘原油输送方面的报道,而且所报道的降粘剂降粘率均较差。应用于利比亚和阿尔及利亚混合油中的流动改进剂 ECA-841,在加剂量为 0.12% 时,原油 10 ℃ 的屈服值由 8.6 Pa 降到 1.0 Pa,塑性粘度由 158 mPa·s 降到 54 mPa·s,降粘率为 65.8%。

美国 Arco 公司研制的一种流动改进剂 PLC-102 对温度比较敏感,应用于胜利油田的原油,在加剂量为 1 000 mg/L 时,原油凝固点由 30 ℃降到 24 ℃;剪切速率为 119 s$^{-1}$,30 ℃时的原油粘度由 296 mPa·s 降到 160 mPa·s,降粘率为 45.9%;同样剪切速率下,40 ℃时的原油粘度由 103 mPa·s 升至108 mPa·s,降粘率却为 -4.8%。此降粘剂应用于中原油田时,在加剂量相同的情况下,原油凝固点由 36 ℃降到 21 ℃;剪切速率为 324 s$^{-1}$,30 ℃时的原油粘度由 89 mPa·s 降到 52 mPa·s,降粘率为 41.6%;同样剪切速率下,44.8 ℃时的原油粘度由 18 mPa·s 升至 19 mPa·s,降粘率为 -5.6%。

另外,随着温度升高,油溶性降粘剂降粘效果明显变差,表现出了较强的温度敏感性。日本研制的降凝剂 A-137 和 V-220 应用于辽河油区超稠油,当加剂量为 1%时,剪切速率为 5.675 s$^{-1}$,50 ℃时降粘率分别为 0.06% 和0.66%,几乎不具有降粘作用。

综上可以看出:① 引进的流动改进剂只对我国含蜡较低的稠油具有较好的降凝降粘效果,未见对特稠油和超稠油有效降粘的报道;② 引进的流动改进剂只在低温时对我国含蜡量较低的稠油具有较好的降粘效果,实际上是降凝剂在凝固点附近的低温区改变蜡晶网状结构降低凝固点的同时附带降粘。随着温度升高,降粘效果变差,甚至有增粘现象。

我国对降粘降凝剂的研究及生产比发达国家落后数十年,1984 年才开始见诸文献。目前油溶性降粘降凝剂在管输上用得较多,效果较好,技术也比较规范,而在采油工艺中的应用则刚刚开始。也有学者有针对性地开发了一些专门用于降粘的油溶性降粘剂,这些降粘剂与降凝剂的最大不同在于它的结构中含有极性较大的官能团和(或)具有表面活性的官能团,有时还要与表面活性剂或溶剂复配使用。

辽河油田在开发冷家油田、曙光油田等浅层超稠油油藏初期,现场应用以甲苯、二甲苯等芳香烃类化合物为主要成分的混合苯进行降粘。胜利油田在开展中深层超稠油开采工艺研究过程中,曾引进该技术进行现场试验。由于混合苯属于溶剂类有机混合物,只能在近井地带降低原油粘度,注汽和回采效果仍不理想。另外,混合苯属易燃易爆化学品,闪点低(低于 35 ℃),现场施工安全隐患大。

赵玉玲运用量子化学和分子力学方法对引起稠油高粘度的主要成分胶状沥青质及其双层和三层似晶结构进行了计算研究,还计算研究了降粘剂与双层似晶结构的降粘作用机理。发现降粘剂分子中的磺酸基团能与胶状沥青质分子形成较强的氢键,并破坏胶状沥青质分子间的氢键,将双层似晶结构的胶状沥青质分离。还发现降粘剂分子中的烃基可与双层胶状沥青质分子的烃基形成整齐的共晶结构。不对称的极性基团可阻止胶状沥青质多层似晶结构的有序生长,从理论上展示出设计的降粘剂具有降粘和降凝双重作用。依据计算结果提供的信息开展了相应的合成实验研究,实施中采用多次单因素试验方法对反应温度、反应时间、引发剂用量、反应物配比和各单体加入时间进行了探索。在此基础上设计正交实验进行合成研究,探索出合理的合成路线,合成出一种集多种官能团为一体的新型油溶性稠油降粘剂,对一般稠油具有较好的降粘效果。

## ⊙ 3.2.2 SLKF 系列油溶性复合降粘剂研制及降粘机理

### 3.2.2.1 常规油溶性降粘剂降粘机理

对稠油组分的深入研究和分析表明,稠油是极其复杂的混合物,由饱和烃、芳香烃、胶质、沥青质等多组分构成,其中固态烃、沥青质和胶质的含量是决定原油流变性的主要因素。对沥青质、胶质的研究表明,它们的分子中含有可形成氢键的羟基、羧基或氨基。沥青质分子之间、胶质分子之间以及沥青质分子和胶质分子之间,由其分子中含有的芳香稠环平面相互重叠堆砌形成 π—π 堆积,而这种较强的分子间作用又被极性基团之间的氢键所固定,形成网状结构,从而形成了稠油的高粘度。常规油溶性降粘剂研发的思路是,通过分析形成稠油高粘度的主要原因,选择以丙烯酸十八酯、苯乙烯、醋酸乙烯酯、丙烯酰胺、马来酸酐为单体,通过调节单体比,合成一种油溶性多元聚合物,利用聚合物的分子结构特征和高分子的分散机理,破坏胶质、沥青质分子的平面堆砌,使结构变得松散,从而降低稠油的粘度。

其机理为油溶性降粘剂分子借助强氢键能作用进入胶质和沥青质片状分子之间,拆散平面重叠堆积而成的分子聚集体,在沥青质芳香片分子周围形成溶剂化层,导致芳香片无规则堆积、空间延展度减小,从而降低稠油体系的粘度,达到降粘的目的(如图 3-6 所示)。但是由于芳香片上所含极性基团的数目有限,所以降粘剂分子"拆散"芳香片分子聚集体的能力是有限的,也就是说,单独靠油溶性降粘剂所能达到的降粘幅度是有限的。特别是随着温度的升高,其降粘效果将会大幅度下降。因此,对于高粘度中深层超稠油油藏,普通油溶性降粘剂达不到有效降低原油粘度、降低注汽启动压力的效果。

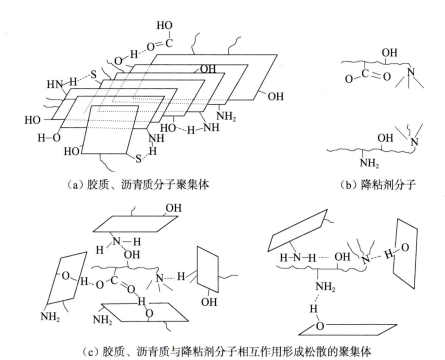

（a）胶质、沥青质分子聚集体　　　　　　（b）降粘剂分子

（c）胶质、沥青质与降粘剂分子相互作用形成松散的聚集体

图 3-6　降粘剂分子降粘机理

### 3.2.2.2　SLKF 系列油溶性复合降粘剂降粘机理

　　SLKF 系列油溶性复合降粘剂是针对超稠油原油胶质、沥青质含量高，沥青质结构复杂、相对分子质量大的特点，考虑热采油藏地层内存在的含水、温度等因素而开发的。

　　SLKF 系列油溶性复合降粘剂借助于溶剂、热力、渗流搅拌作用及表面活性剂等辅助手段先拆散芳香片聚集体，再通过降粘剂中的复配成分与其相互作用，从而达到更为理想的降粘效果。通过截取降粘剂不同长度碳链、不同碳分子组合，配置不同官能团，并与其他添加剂进行复配，最终选取的复合降粘剂主要成分为丙烯酸高级脂肪醇酯类聚合物。该聚合物含有化学结构与原油中大分子结构相似的长碳氢链，能阻止其形成网络层状结构，同时该降粘剂与重质芳烃、表面活性剂等多种有机组分复配而成，具有很强的渗透性、反相乳化性能，能够快速溶解、分散超稠油中的大分子结构（如图 3-7 和图 3-8 所示），并大幅度降低油水表面张力，对油包水乳状液进行反相乳化，能够实现超稠油在油藏条件下的强制降粘。

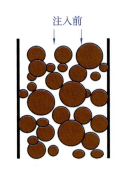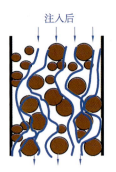

（a）胶质、沥青质悬浮颗粒　　　　（b）油溶性复合降粘剂

图 3-7　降粘剂降粘过程示意图

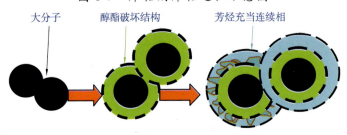

图 3-8　降粘后胶质、沥青质结构变化示意图

### 3.2.2.3　SLKF 系列油溶性复合降粘剂对沥青质作用研究

油溶性复合降粘剂会对原油组成造成怎样的影响呢？我们可以通过高端的显微设备来观察一下。通过高分辨扫描电镜（FEI-QUANTA200 型）对加入降粘剂前后的沥青质样品进行观测，分析超稠油解聚降粘过程；通过原子力电镜对加入降粘剂前后的沥青质样品进行成像观测，量化解聚降粘效果。

（1）扫描电镜（SEM）观测

① 实验方法

a. 正庚烷沥青质的分离

通过正庚烷回流洗涤，溶解郑 411 超稠油中正庚烷可溶物，过滤，在定量滤纸上获得正庚烷沥青质与部分未溶解油分，将滤纸在索氏抽提器中经过正庚烷充分回流洗涤后，脱去未溶解油分，在滤纸上获得正庚烷沥青质；将滤纸在索氏抽提器中经甲苯充分回流后，获得甲苯—沥青质溶液，加热脱除溶剂甲苯后，获得空白沥青质样品。

b. 油溶性复合降粘剂的加入

称取一定量沥青质，通过少量甲苯溶解，配制甲苯-沥青质浓溶液，分成 2 份。一份按沥青质质量 5％加入油溶性复合降粘剂，避光静置 2 小时，备用；另一份做空白对比实验，备用。

c. 扫描电镜（SEM）样品制备

用吸管在 2 份样品中各吸取一滴置于载玻片上，涂抹均匀，室温下真空干燥 3 小时,去除溶剂后备用。

d. SEM 实验

通过 FEI-QUANTA200 型高分辨扫描电镜对样品进行观测,分析空白沥青质与降粘剂处理后沥青质形貌。

② 实验结果与讨论

图 3-9 为空白沥青质表面形貌,图 3-10 和图 3-11 为经过降粘剂处理后沥青质表面形貌。由图 3-9 可以看出,空白沥青质表面光滑平整,具有亮泽,类似于晶体形貌。由图 3-10 和图 3-11 可以看出,与空白沥青质相比,经过降粘剂处理后沥青质表面形貌变化明显,表面及内部分布着大小较为均匀的颗粒状聚集物,直径约为 1~2 $\mu$m。

图 3-9 空白沥青质 SEM 图(放大倍数 2 000 倍)

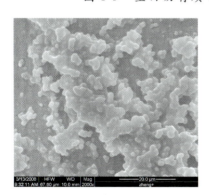

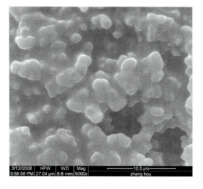

图 3-10 加降粘剂后沥青质 SEM 图　　图 3-11 加降粘剂后沥青质 SEM 图
　　（放大倍数 2 000 倍）　　　　　　　　（放大倍数 5 000 倍）

分析认为,SLKF 油溶性复合降粘剂与沥青质芳香结构作用,使分子间氢键断裂,大分子聚集体被拆散、变小,SLKF 降粘剂解聚效果明显。由于沥青质聚集体颗粒变小,颗粒间内摩擦力变小,流动阻力变小,从而达到降粘目的。

同时,实验表明,在脱除降粘剂后,小颗粒沥青质聚集体不能再次聚合,说明解聚降粘过程不可逆。

（2）原子力电镜成像观测

沥青质的分离和降粘剂的加入方法与扫描电镜（SEM）观测方法相同。将加降粘剂前和加降粘剂后的沥青质，用甲苯稀释到约 0.1%，滴加 10 μL 到新解离云母片上，用原子力显微镜（Veeco di MultiMode＋Nanoscope IV A）观察，扫描采用轻敲模式（tapping mode），扫描范围为 50 μm×50 μm。

由图 3-12 空白沥青质成像和图 3-13 加降粘剂后沥青质成像对比看出，加入 SLKF 降粘剂后，大聚集体数量明显减少，且单个聚集体体积明显变小。在胶体体系中，胶粒大小直接影响胶体的流动性能，胶粒数量越少，粒径越小，其阻碍流体流动的能力即内摩擦力越小，宏观表现为流体粘度越小。

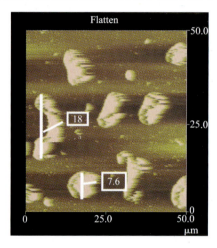

图 3-12　加降粘剂前空白沥青质成像　　图 3-13　加降粘剂后沥青质成像

图 3-14 和图 3-15 分别是加降粘剂前和加降粘剂后的沥青质三维成像。在扫描范围内，团状的沥青质聚集体体积减少到 $\frac{1}{47}\sim\frac{1}{551}$，从而进一步说明了 SLKF 降粘剂的加入可以有效地使沥青质解聚，使大分子的沥青质缔合体解缔成为小分子的结构，从而降低超稠油的粘度。

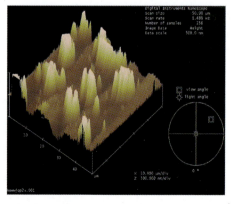
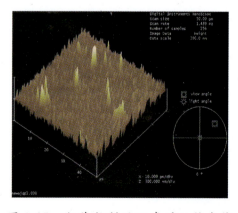

图 3-14　加降粘剂前空白沥青质三维成像　　图 3-15　加降粘剂后沥青质三维成像

## ⊙ 3.2.3  SLKF 系列油溶性复合降粘剂降粘效果评价

为了确切评价 SLKF 系列复合降粘剂对超稠油的降粘效果，设计了一系列降粘实验来对降粘剂的作用条件和作用效果进行评价，如图 3-16 所示。

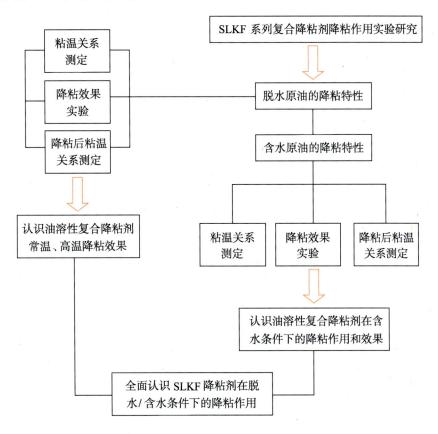

图 3-16  降粘特性评价实验设计图

实验设备采用布氏旋转粘度计，选取 SLKF1 型油溶性复合降粘剂用于实验。实验用油取自胜利油田郑 411 区块（本章实验所用超稠油样均取自该区块），油品性质见表 3-1。

表 3-1  郑 411 区块超稠油性质

| 性质 | 稠油密度/(g·cm⁻³) | 硫含量/% | 胶质含量/% | 沥青质含量/% | 蜡含量/% |
|---|---|---|---|---|---|
| 数值 | 1.095 | 1.02 | 45.8 | 17.2 | 1.53 |

### 3.2.3.1  脱水稠油的降粘特性研究

实验测定了不同条件下超稠油的粘温曲线。选择埋深 1 400 m 的中深层超稠油油藏地层温度范围内的 70 ℃条件，添加不同浓度的油溶性复合降粘剂测定其降粘效果。在通过实验确定降粘剂的适用浓度后，测定降粘后稠油的粘温曲线。

（1）脱水稠油的粘温关系（见表 3-2 和图 3-17）

表 3-2　脱水稠油粘温关系

| 温度/℃ | 50 | 60 | 65 | 70 | 75 | 80 | 100 | 125 | 150 | 175 | 200 |
|---|---|---|---|---|---|---|---|---|---|---|---|
| 粘度/(mPa·s) | 596 000 | 225 000 | 135 000 | 78 900 | 52 400 | 39 290 | 9 400 | 2 150 | 540 | 198 | 90 |

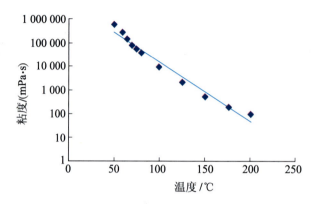

图 3-17　脱水稠油粘温关系曲线

由于超稠油粘度大的特殊性，为保证实验数据在合理精度范围内，对 Beggs 及 Robinson 提出的计算稠油粘度的关系式进行了适当修改：

$$\mu_{od} = 10^X - 1.0 \tag{3-3}$$

其中　　　　　$X = (1.8t + 32)^{-1.016\ 3}\exp(6.982\ 4 - 0.046\ 58\gamma_{API})$

式中：$\mu_{od}$——脱气稠油的粘度，mPa·s；

　　　$T$——温度，℃；

　　　$\gamma_{API}$——地面稠油重度，API。

用修正后的粘温关系式对实验超稠油油样进行粘度计算，结果见表 3-3。

表 3-3　理论粘度、实测粘度对比

| 温度/℃ | 理论粘度/(mPa·s) | 实测粘度/(mPa·s) | 误差/% |
|---|---|---|---|
| 50 | 641 772.8 | 596 000 | 7.68 |
| 60 | 233 437.5 | 225 000 | 3.75 |
| 65 | 148 675.5 | 135 000 | 10.13 |
| 70 | 82 860.78 | 78 900 | 5.02 |
| 75 | 56 974.52 | 52 400 | 8.73 |
| 80 | 43 517.6 | 39 290 | 10.76 |

通过表 3-3 理论值和实测值的对比,误差基本在 10% 以下,故认为修正关系式可以较为准确地描述实验超稠油油样的粘度随温度变化的关系。

实验数据表明,所选超稠油粘度极高,在 50 ℃ 时粘度为 $59.6 \times 10^4$ mPa·s,80 ℃ 时仍具有 39 290 mPa·s 的粘度。然而由图 3-18 可以看出,随着温度的继续升高,稠油粘度一直保持急剧下降的趋势,这说明温度的升高有利于此稠油的流动,在此超稠油开采中使用热力降粘手段是必要的。

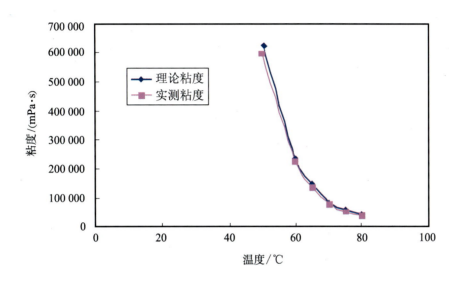

图 3-18　理论粘度、实测粘度对比

(2) 不同温度下降粘剂对脱水稠油的降粘效果

首先考察降粘剂在油藏温度下对稠油的降粘效果。在脱水稠油中加入质量分数分别为 0.5%、1%、1.5% 和 2% 的油溶性复合降粘剂,充分作用后测定 70 ℃ 条件下稠油粘度,结果见表 3-4、图 3-19。

表 3-4　加入降粘剂后的稠油粘度

| 降粘剂质量分数/% | 含降粘剂稠油粘度/(mPa·s) | 降粘率/% |
| --- | --- | --- |
| 0 | 78 900 | 0 |
| 0.5 | 74 513 | 5.56 |
| 1 | 62 654 | 20.59 |
| 1.5 | 53 580 | 32.09 |
| 2 | 44 515 | 43.58 |

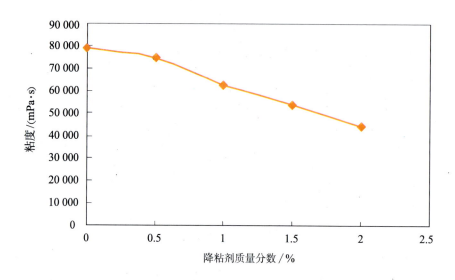

图 3-19　加入降粘剂后稠油的粘度变化

由表 3-4 和图 3-19 可知，当降粘剂加入量为 0.5％时，稠油粘度由 78 900 mPa·s 下降到 74 513 mPa·s，降粘率 5.56％；当降粘剂加入量为 1％时，粘度下降到 62 654 mPa·s，降粘率 20.59％；当降粘剂加入量为 2％时，降粘率 43.58％。实验结果表明，随着降粘剂加入量的增加，稠油降粘率增加，降粘效果变好，因此在充分考虑经济因素下，可提高降粘剂的加入量。

为了确保降粘后稠油性质的稳定，该部分进一步分析了降粘后稠油的粘温性质，并与降粘前稠油的粘温性质进行比较。实验测定了加入量为 1％的降粘剂后，稠油粘度随测定温度的变化，结果见表 3-5、图 3-20。

表 3-5　加入降粘剂后的稠油粘温关系

| 温度/℃ | 稠油粘度/(mPa·s) | 含降粘剂稠油粘度/(mPa·s) |
| --- | --- | --- |
| 50 | 596 000 | 442 270 |
| 60 | 225 000 | 177 325 |
| 65 | 135 000 | 102 753 |
| 70 | 78 900 | 59 583 |
| 75 | 52 400 | 37 752 |
| 80 | 39 290 | 21 776 |

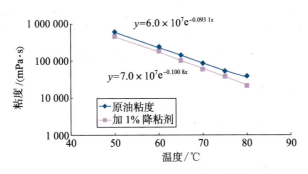

图 3-20　加入降粘剂后的粘温关系曲线

由表 3-5 和图 3-20 可知，降粘前稠油粘温关系曲线斜率绝对值为 0.093 1，降粘后稠油粘温关系曲线斜率绝对值为 0.100 8。这说明降粘后的稠油粘温敏感性改善，对环境温度具有更好的适应能力。

基于上述实验结果，在脱水稠油中加入质量分数分别为 5％ 和 10％ 的降粘剂，测定降粘后稠油 60 ℃、80 ℃、90 ℃ 粘度，考察降粘效果。同时，在相同浓度、温度等条件下，选取胜利油田在用的油溶性降粘剂和有机溶剂进行对比实验，综合分析 SLKF 油溶性复合降粘剂降粘特性。实验结果见表 3-6、图 3-21 和表 3-7、图 3-22。

表 3-6　加入量为 2％ 的不同降粘剂对稠油的降粘率

| 温度/℃ | 1# | 2# | 3# | 4# | 5# | 二甲苯 | 柴油 | 备　注<br>无降粘剂稠油粘度<br>/(mPa·s) |
|---|---|---|---|---|---|---|---|---|
| 60 | 39.4％ | 20.5％ | 35.6％ | 28.0％ | 47.0％ | 28.0％ | 39.4％ | 264 000 |
| 80 | 34.3％ | 3.5％ | — | — | 74.1％ | 58.5％ | 27.1％ | 24 348 |
| 90 | — | — | — | 4.8％ | 77.5％ | — | 3.1％ | 9 344 |

注：1# ～4# 为目前油田在用油溶性降粘剂，5# 为 SLKF 油溶性复合降粘剂。

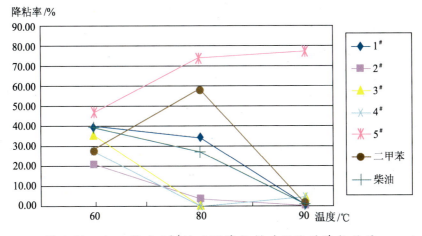

图 3-21　加入量为 2％ 的不同降粘剂对稠油的降粘效果

表 3-7　加入量为 5％的不同降粘剂对稠油的降粘率

| 温度/℃ | 1# | 2# | 3# | 4# | 5# | 二甲苯 | 柴油 | 备　注 |
|---|---|---|---|---|---|---|---|---|
| | | | | | | | | 无降粘剂稠油粘度 /(mPa·s) |
| 60 | 31.8％ | 20.5％ | 28.0％ | 39.4％ | 50.8％ | 31.8％ | 45.1％ | 264 000 |
| 80 | — | — | 63.0％ | 30.2％ | 75.4％ | 63.4％ | 65.5％ | 24 348 |
| 90 | 55.1％ | 20.8％ | 59.3％ | 61.5％ | 83.9％ | 59.3％ | 61.5％ | 9 344 |

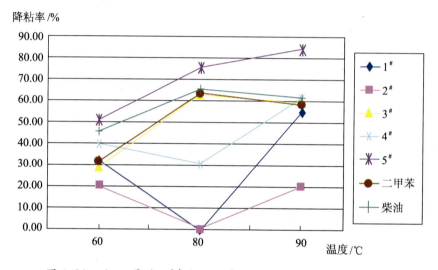

图 3-22　加入量为 5％的不同降粘剂对稠油的降粘效果

由表 3-6、图 3-21 和表 3-7、图 3-22 可知：

① 在温度 60 ℃条件下,加入量为 2％时 SLKF 油溶性复合降粘剂对稠油的降粘率为 47％,加入量为 5％时的稠油降粘率为 50.8％；在相同加入量时,SLKF 油溶性复合降粘剂对稠油的降粘率比柴油、二甲苯及其他油溶性降粘剂都要高,并且随着降粘剂加入量的增加,稠油降粘率随之提高。该结果表明,相对于其他添加剂,SLKF 油溶性复合降粘剂在油藏温度范围内降粘效果最好。

② 当实验温度从 60 ℃升高到 90 ℃,加入量为 2％的 SLKF 复合降粘剂对稠油的降粘率由 45％提高到 77.5％,加入量为 5％的 SLKF 复合降粘剂对稠油的降粘率由 50.8％提高到 83.9％。该结果表明：SLKF 复合降粘剂与稠油的作用温度上升,其对稠油的降粘效果也随之提高。相对于 SLKF 油溶性复合降粘剂,其他油溶性降粘剂和有机溶剂不仅出现随浓度增加而降粘率下降的现象,而且随着温度的升高,降粘率也总体呈现下降趋势,降粘效果变差。

SLKF油溶性复合降粘剂和其他油溶性降粘剂以及有机溶剂对稠油都具有降粘效果,这是因为SLKF油溶性复合降粘剂和其他油溶性降粘剂对稠油起着沥青质稳定剂或沥青质分散剂的作用,分离沥青质骨架中少量的芳香结构,使之成为分散介质中游离的芳香分,沥青质缔合体脱除部分芳香结构后,沥青质含量减少,缔合体变小,稠油内部分子结构相对移动的难度减弱,从而使稠油粘度减小。但对于其他油溶性降粘剂,加入量增大,稠油降粘率均出现极值现象(在添加剂加入量增大到某点后降粘率开始下降),这是因为降粘剂必须先吸附在稠油重组分(沥青质)上,再与稠油组分发生作用,从而达到降粘效果,而这些降粘剂只能分离沥青质外围的部分芳香结构,不能对沥青质本体解缔,因此其在稠油沥青质上的吸附量是固定值,加入量超过此值时,降粘剂不能继续吸附在沥青质上,从而不能使稠油继续降粘,并且降粘剂本身为高聚物,游离的降粘剂在较高温度下可继续聚合,并可引起稠油其他较重组分聚集,从而使稠油粘度上升。而SLKF油溶性复合降粘剂不仅能分离稠油沥青质结构上的芳香结构,而且其中复配的表面活性剂中具有解缔沥青质能力的特征官能团,可以使大缔合体的沥青质解缔为小缔合体的沥青质,因此不仅能使稠油中沥青质含量降低,而且能使沥青质与降粘剂的接触面积增加,即使SLKF油溶性复合降粘剂在沥青质上的吸附量不断增加,因此随SLKF油溶性复合降粘剂加入量的增加,稠油的降粘率持续增加。

③ 部分常规油溶性降粘剂或有机溶剂由于含有混苯等易燃化学品,闪点低(低于35 ℃),现场施工安全性差。SLKF油溶性复合降粘剂系列由于使用了高闪点的溶剂,而且原料合成时相对分子质量较大,将降粘剂闪点提高到65~80 ℃以上,可大大提高施工安全性和操作性。

### 3.2.3.2　水对超稠油降粘效果的影响

超稠油注蒸汽热采过程中,地层内始终有水的存在。超稠油在地层孔隙内和近井带的流动、温度、矿化度,以及超稠油本身的极性组分等众多因素,会导致稠油形成油包水乳化液,造成稠油粘度更高,增加渗流阻力,因此含水对超稠油的粘度有很大影响。此部分主要考察油溶性复合降粘剂在含水条件下对稠油的降粘效果。

(1) 含水稠油的粘温关系

通过实验确定含水率对稠油粘度的影响,进而分析含水率与稠油粘度的关系。实验结果见表3-8、图3-23。

表 3-8　不同含水稠油在不同温度下的粘度

| 温度/℃ | 不同含水的稠油粘度/(mPa·s) | | | | |
| --- | --- | --- | --- | --- | --- |
| | 含水 0 | 含水 10% | 含水 20% | 含水 30% | 含水 50% |
| 50 | 596 000 | 737 905 | | | |
| 60 | 225 000 | 305 111 | 470 726 | 557 626 | 862 895 |
| 65 | 135 000 | 193 877 | 251 705 | 328 514 | 565 267 |
| 70 | 78 900 | 99 950 | 137 024 | 201 290 | 323 550 |
| 75 | 52 400 | 85 657 | 102 253 | 138 197 | 243 273 |
| 80 | 39 290 | 56 409 | 74 611 | 98 190 | 165 092 |

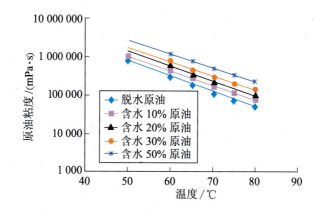

图 3-23　不同含水稠油的粘温关系

由表 3-8 可知,在 60 ℃下,脱水稠油和含水分别为 0、10%、30%、50% 的稠油粘度分别为 $22.5×10^4$ mPa·s、$30.5×10^4$ mPa·s、$55.7×10^4$ mPa·s 和 $86.2×10^4$ mPa·s;含水稠油粘度与脱水稠油粘度相比,分别增加了 1.36 倍、2.48 倍和 3.84 倍,并且在其他实验温度下也具有同样的规律。该结果说明,在含水情况下,超稠油产生了严重的油包水乳化现象。而且随含水升高,乳化越严重,稠油粘度越高。

由图 3-23 可以看出,随着温度的升高,乳化稠油粘度呈线性降低,这一规律与脱水稠油类似。

（2）不同温度下降粘剂对含水稠油的降粘效果

在不同含水量的稠油中加入质量分数为 1% 的 SLKF 油溶性复合降粘剂,充分作用后测定含水稠油 70 ℃时的粘度,结果见表 3-9 和图 3-24。

表3-9　加入1％的降粘剂对不同含水稠油粘度的影响

| 含水/％ | 稠油粘度/(mPa·s) | 含降粘剂稠油粘度/(mPa·s) | 降粘率/％ |
|---|---|---|---|
| 0 | 78 900 | 62 654 | 20.59 |
| 5 | 80 120 | 34 980 | 56.34 |
| 10 | 99 950 | 20 340 | 79.65 |
| 20 | 137 024 | 10 030 | 92.68 |
| 30 | 201 290 | 4 368 | 97.83 |
| 50 | 323 550 | 162 | 99.95 |

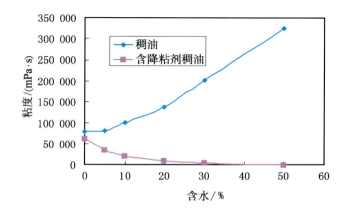

图3-24　加入1％的降粘剂对不同含水稠油粘度的影响

由表3-9可知,复合降粘剂加入量为1％时,含水10％的稠油粘度由99 950 mPa·s下降到20 340 mPa·s,降粘率79.65％;含水30％的稠油粘度由201 290 mPa·s下降到4 368 mPa·s,降粘率97.83％;含水50％的稠油粘度由323 550 mPa·s下降到162 mPa·s。该实验结果表明:当稠油含水小于50％时,含水量越高,油溶性复合降粘剂的降粘效果越好;当稠油含水达到50％时,基本破乳,稠油转化为水包油乳化状态,粘度降粘率可达99.95％,稠油流动能力得到了极大改善。

综合分析SLKF油溶性复合降粘剂对脱水和含水稠油的降粘效果可知,HDCS技术先期注入复合降粘剂,可以改变超稠油组分含量和结构,实现初步降粘,有利于降低注汽压力;进而在后续注入蒸汽以及回采过程中,降粘剂的破乳作用,能使油包水型稠油转变为水包油型稠油,从而进一步降低近井地层稠油的粘度,提高渗流能力,改善注汽和回采效果。

（3）降粘后含水稠油的粘温关系

实验测定含水 10％稠油在加入 1％复合降粘剂降粘后的粘温数据，见表 3-10 和图 3-25。

表 3-10　温度对含水稠油降粘后粘度的影响

| 温度/℃ | 稠油粘度/(mPa·s) | 含降粘剂稠油粘度/(mPa·s) | 降粘率％ |
| --- | --- | --- | --- |
| 50 | 737 905 | 164 331 | 77.73 |
| 60 | 305 111 | 66 728 | 78.13 |
| 65 | 193 877 | 39 454 | 79.65 |
| 70 | 99 950 | 19 650 | 80.34 |
| 75 | 85 657 | 16 009 | 81.31 |
| 80 | 56 409 | 9 804 | 82.62 |

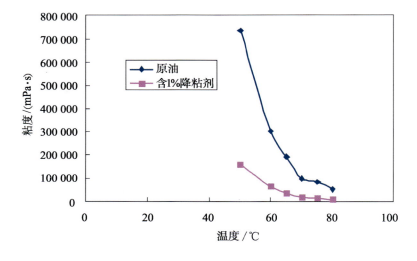

图 3-25　加入降粘剂后粘温关系曲线

由表 3-10 和图 3-25 结果可知，含水稠油降粘后 50 ℃时粘度为 164 331 mPa·s，70 ℃时粘度为 19 650 mPa·s，80 ℃时粘度为 9 804 mPa·s，粘度随测定温度的升高而急剧降低，未出现突变和异常点，因此可根据温度变化情况判断稠油粘度变化，有利于稠油的存储与运输。

### 3.2.3.3　矿化度对稠油降粘效果的影响

由于地层中水含有的金属离子可能与降粘剂发生螯合作用而降低降粘剂对稠油的降粘效果，因此针对不同地层水矿化度，实验测定了地层水 $Ca^{2+}$、

$Mg^{2+}$ 含量对 SLKF 油溶性复合降粘剂降粘效果的影响,实验结果见表 3-11 和图 3-26。

表 3-11　不同矿化度对降粘剂降粘效果的影响

| 矿化度/(mg·L$^{-1}$) | 粘度/(mPa·s) | |
| --- | --- | --- |
| | 水型(CaCl$_2$) | 水型(MgCl$_2$) |
| 0 | 10 045 | 10 095 |
| 7 000 | 10 654 | 10 290 |
| 10 000 | 10 387 | 10 587 |
| 14 000 | 10 276 | 10 476 |
| 17 000 | 10 684 | 10 354 |
| 20 000 | 10 465 | 10 169 |

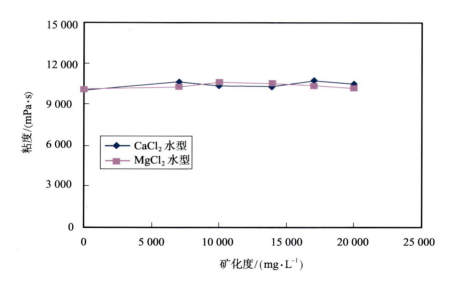

图 3-26　矿化度对稠油粘度的影响

由表 3-11 和图 3-26 可知,在总矿化度小于 20 000 mg/L 时,$Ca^{2+}$、$Mg^{2+}$ 对 SLKF 油溶性复合降粘剂的降粘效果基本没有影响。因此在一般情况下,可忽略地层水矿化度对 SLKF 油溶性复合降粘剂的影响,即 SLKF 油溶性复合降粘剂具有适用性广、选择性大的特点。

# 3.3 超临界二氧化碳在超稠油中的作用

二氧化碳在油田应用主要是利用其溶解降粘、膨胀驱替、混相效应、溶解气驱、降低界面张力和改善孔隙渗流能力的机理和特性,其驱油方式综合来讲分为混相驱和非混相驱。国内外已见报道的二氧化碳应用实例,主要是在稀油油藏、普通稠油和浅层热采特稠油油藏。由于二氧化碳在稠油尤其是特稠油中很难达到混相条件,因此在稠油中的应用一般是非混相驱油。

## ⊙ 3.3.1 二氧化碳吞吐开采稠油现状[8~14]

世界石油工业界应用二氧化碳驱油已有 30 多年的历史,研究表明,这是一种十分有效的驱油方法。考虑到二氧化碳独特的相态特性和采油机理,近年来二氧化碳吞吐法正日益受到重视,二氧化碳吞吐是提高油藏采收率的有效方法之一。国内外室内实验和现场应用表明二氧化碳吞吐技术适应于多种油藏:高含水、低产、井间连通性很差的低渗透油藏以及面积有限的小断块油藏。当然,二氧化碳吞吐也适用于连续的大储油层和普通稠油油藏。在超稠油油藏中应用二氧化碳吞吐技术还处在试验中。

二氧化碳吞吐基本类似于蒸汽吞吐。典型的二氧化碳吞吐方法是将二氧化碳气体快速注入井内,紧接着关井一段时间,让二氧化碳与地层原油溶解达饱和,这是"吞"的过程;开井生产后,停留在油层中的二氧化碳气体混同原油流向井眼,这是"吐"的过程。二氧化碳微溶于水,易溶于原油。当其遇水时,溶解速度很快;而在遇原油溶解时,需要一段浸泡时间达饱和状态。当地层原油饱和二氧化碳后,能够有效地降低原油粘度和界面张力,体积发生膨胀,这些特性有助于增加原油的流动能力,降低残余油饱和度,从而提高油藏采收率。

### 3.3.1.1 国外二氧化碳开发稠油研究与应用情况

早在 20 世纪 60 年代初,Welker 和 Dunlop 就对二氧化碳在原油中的溶解性及对原油膨胀和原油粘度的影响进行了研究。发现二氧化碳在原油中的溶解度很高,在 27 ℃,5.514 MPa 条件下,在原油中的溶解度可达 71 $m^3/m^3$。二氧化碳的溶解度及由于二氧化碳的溶解而使原油体积膨胀的增加量随压力的升高而增大,随温度的降低而增大。相对密度越小,二氧化碳的溶解度就越大;原油粘度越高,由二氧化碳造成的粘度降低程度就越大。

　　Miller 和 Jones 在不同温度(24 ℃,60 ℃,93 ℃)、不同压力(1.379～34.464 MPa)下,研究了二氧化碳在三种不同相对密度(0.9529～1.000)稠油中的溶解性及对应的原油粘度及原油密度。当没有二氧化碳时,随着压力的增加,原油粘度增加;当有二氧化碳时,原油粘度则随压力的增加而降低;随着温度的增高,含二氧化碳的原油的粘度显著降低,在 60 ℃ 和 93 ℃ 时添加二氧化碳使原油密度减小了。在 24 ℃,随着压力的增加,二氧化碳开始发生相变,由气态变为液态,这使得含二氧化碳的原油密度增大。在 24 ℃ 时,二氧化碳在稠油中的溶解度随压力的增加而增加,直到发生相变为止,相变时二氧化碳不再溶入油中。在较高的温度下,二氧化碳的溶解度随压力的增加而增加,随温度的增加而减小。

　　Rojas 和 FarouqAli 根据比例模型实验研究,发现连续注二氧化碳非混相驱开采稠油时,粘滞力起主要作用,重力和扩散力只有很微弱的影响。连续注二氧化碳的效果并不好。只有在注盐水的后期,中间加注二氧化碳段塞(段塞大小为 20% HCPV),这样获得的采收率才比盐水驱的高。当低速注二氧化碳、高速注盐水时,可获得很高的采收率(45.9% HCPV)。他们还研究了交替注二氧化碳段塞和盐水的过程(WAG),其中所使用的二氧化碳用量与二氧化碳段塞驱的用量相当(20% HCPV),每次注 10 个 2% HCPV 的段塞,盐水以段塞形式注入,其大小为 2%～12% HCPV,因此所得到的 WAG 比为 1:1～6:1,WAG 过程所获得的采收率比盐水驱的高 15%。采收率与 WAG 比值的大小关系很大,最佳动态对应的 WAG 比为 4:1(采收率为 47.5% HCPV)。

　　Srivastave 对非混相二氧化碳开采 Saskatchewan 稠油的机理及驱替特征进行了实验研究和数模研究。结果表明粘度降低和原油膨胀可能是主要开采机理:在油藏注入压力为 2.7 MPa,温度为 28 ℃ 的条件下,二氧化碳饱和的地面脱气原油的粘度大约降低了 5/6,地层体积系数增加了 5% 以上。增加二氧化碳的注入速率对三次采油有不利影响,但对一维岩心驱试验的影响较小;扩散力在注二氧化碳采油中起着重要作用。在高压下提高二氧化碳在原油中的溶解度能提高持续注水阶段和降压阶段的采收率。此外,研究还表明二氧化碳预浸泡可提高持续注水阶段的原油采收率。

　　S. G. Sayegh 等人对二氧化碳吞吐时浸泡时间及可动水饱和度对岩心中二氧化碳的分布进行了研究。较小的可动水饱和度可改善溶解二氧化碳在岩心中的分布,与此同时浸泡时间也可改善二氧化碳的分布。

　　Bakshi 等人对阿拉斯加西 Sak 稠油油藏用二氧化碳开采的可行性进行了研究,认为适合用二氧化碳开采。西 Sak 油田油藏埋深 762.5～1372.5 m,层厚 19.8 m(有两个砂层,一个 7.6 m,一个 12.2 m),原油相对密度 0.918 8～0.972 5,粘度 50～3 000 mPa·s。一次采油及水驱采油的采收率很低,需进行强化开采。经初步筛选,决定采用二氧化碳吞吐,所用二氧化碳来自附近的 Prudhoe Bay 油田,其天然气中有近 12% 的二氧化碳。

阿肯色州 Ritchie 油田进行了二氧化碳吞吐先导试验,每天向三口井注入 84 950～113 270 m³ 的二氧化碳,共注入 78 d,采出二氧化碳重新循环注入生产井。最终使产油量从 10 m³/d 增加到 21 m³/d。几年后开始进行边缘注水,使产量进一步增加到 64 m³/d。

Bati Raman 油田是土耳其最大的一个稠油油田。原始地质储量高达 2.59×10⁸ t。但是原油粘度高,相对密度大,溶解气少,油藏能量不足等,导致一次采收率低,低于原始地质储量的 2%。经过大量室内实验和现场先导试验分析,排除了水驱、蒸汽吞吐、火烧油层等增产技术,又因在土耳其东南部距离该油田 89 km 处有个 Dodan 二氧化碳气藏,储量高达 70.8×10⁸ m³,气源充足,最终决定采用二氧化碳吞吐开采技术。注二氧化碳之前,每口井平均产量 3.5 t/d。在地面及地下设施完善之后,开展了二氧化碳吞吐项目。1991 年中期,油井产量达到 14 t/d,部分井在短期内产量高达 28～42 t/d。目前,平均产量约为 5.6 t/d。截至 2006 年 10 月,二氧化碳总的注入体积 777.1×10⁸ m³,55.2×10⁸ m³ 的二氧化碳被生产出来,约 214.4×10⁸ m³ 的二氧化碳循环注入,204 口井日产油 980 t。目前,该油田共采出原油 13.16×10⁶ t,约为原始地质储量的 5%,增加原油产量 8.12×10⁶ t。

Trinidad 和 Tobago 森林油田开展了二氧化碳吞吐试验,该油田属于胶结复杂的三角洲沉积油藏。二氧化碳注入地层,然后关井,焖井 3～5 d。循环几个周期(最大 5 个周期)。注入地层二氧化碳总体积 5 924.5×10⁴ m³,16 口试验井采出原油 14 228.9 t。每口二氧化碳吞吐井平均采出原油 882 t,增产效果明显。

### 3.3.1.2　国内二氧化碳开发稠油研究与应用情况

苏北盆地发现的洲城油田洲Ⅱ断块稠油油藏,埋深 1 600～1 700 m,原油粘度 3 100～4 600 mPa·s,油层温度 70～75 ℃,含油面积 0.36 km²,油层厚度 2～6 m,地质储量 78.15×10⁴ t。测井和试油结果表明,洲Ⅱ断块稠油油藏是一个底水油藏,油层厚度薄,埋藏深,原油粘度高,油品差,难以开发。分析认为,该油藏适合二氧化碳吞吐开采。2000 年 11 月进行二氧化碳吞吐,注入液态二氧化碳 380 t,关井 58 d。从 2001 年 2 月至年底,生产 334 d,累计生产原油 1 075.65 t,平均日产油 3.2 t。2002 年 4~5 月进行了第二轮吞吐,注入二氧化碳 760 t,油井产能重新恢复。二氧化碳吞吐后,原油粘度从原来的 4 561.8 mPa·s 降到 2 500 mPa·s,降粘幅度 45.2%。洲 II 断块稠油油藏 QK18 井采用二氧化碳吞吐方法开采稠油取得了成功,获得了很好的经济效益,投入产出比达到 1:6。

茨榆坨油田 13 断块属砂岩油藏,属于普通稠油,油层孔隙度为 17.1%,平均渗透率 117×10$^{-3}$ μm$^2$,油层埋深 1 750 m,泥质含量 9.36%,50 ℃时原油粘度 650 mPa·s,1993 年开始蒸汽吞吐采油,从第二轮开始效果明显变差,注汽返排率低,有效周期短,产量下降快,套管变形井增多。针对这些问题,2002 年 10 月对茨 21-133 井进行了二氧化碳吞吐采油工艺现场试验。该井原日产油 2.8 t,日产液 6.5 t,实施二氧化碳吞吐后,日产油增加到 8 t,日产液增加到 14.3 t,增产效果明显。原油粘度由原来的 680 mPa·s 降低到 323 mPa·s。

从 2000 年 3 月开始,东辛油田在不同的断块、不同的层位上选取 16 口井进行了普通稠油油藏的二氧化碳吞吐试验,措施成功率达到 70%,累计增产原油 1.675 5×10$^4$ t。

2001 年在辽河油田的高 3 624 块、冷 42 块进行了深层稠油二氧化碳吞吐采油先导试验,取得了一定的试验效果。到 2003 年底,分别在吞吐后期油藏、中深层稠油、特稠及超稠油油藏等不同类型的油藏中共进行了 60 多个井次的二氧化碳吞吐试验,成功率在 90% 以上。根据现场应用实际资料,选择二氧化碳吞吐时机的原则为:① 蒸汽吞吐油汽比小于 0.3 的油井;② 注蒸汽压力高,难以正常注汽的油井;③ 蒸汽吞吐效果差而关停的油井。采用两种注入方式:一种为蒸汽吞吐周期末注入二氧化碳;另一种是注蒸汽前注入二氧化碳。锦 45-25-193 井为其中的一口典型井,油藏埋深 1 044.50~1 125.80 m,油层厚度为 26.4 m,含油饱和度为 53%,平均孔隙度为 28.3%,渗透率为 2 720×10$^{-3}$ μm$^2$,原始油藏温度为 51 ℃,原油粘度为 110 mPa·s。该井 1998 年 3 月投产,到 2002 年,已生产 6 个周期,累计产油量为 5 795 t,累计产水量为 8 359 t,油汽比为 0.4 。二氧化碳吞吐前产油量为 2 t/d,产液量为 4 m$^3$/d,蒸汽吞吐已到经济极限。该井 2002 年 4 月在第 6 轮蒸汽吞吐周期末实施了二氧化碳吞吐采油技术,注入 94 t 二氧化碳,焖井 7 d。二氧化碳吞吐生产初期最高产液量为 32 t/d,产油量为 16 t/d,动液面由采取措施前的—915 m 上升到—876 m,日产液为措施前的 2 倍,日产液量、产油量均创该井投产以来的最高纪录。至二氧化碳吞吐采油周期结束,生产 220 d,相当于一轮蒸汽吞吐生产,累计产油量为 1 612 t,累计产水量为 1 127 t,提高回采水率 54%。该井 2003 年 1 月进行第 7 轮蒸汽吞吐,注入蒸汽 2 334 t,比第 6 轮减少 170 t。至 2003 年 10 月,第 7 轮蒸汽吞吐已生产 280 d,累计产油量为 2 009 t,累计产液量为 3 709 t,油汽比已达 0.851,周期产量和油汽比有明显的提高。与第 6 轮蒸汽吞吐比较,已增产原油 1 073 t,提高油汽比 0.481,二氧化碳吞吐采油量和第 7 轮目前的累计产油量已达到 3 650 t,为前 6 轮蒸汽吞吐产量的 70%,注二氧化碳改善蒸汽吞吐效果十分明显。从二氧化碳改善蒸汽吞吐效果现场试验结果看,总体上达到了延长生产周期、提高周期回采水率及提高油井驱动能量的目的,二氧化碳改善蒸汽吞吐效果也十分明显。另外,对于蒸汽吞吐已到极限的井,通过二氧化碳吞吐处理后,继续蒸汽吞吐,其效果也好于二氧化碳吞吐处理前。

2004 年,在辽河油田曙一区杜 84 块超稠油油藏进行了蒸汽—二氧化碳—助剂的现场吞吐试验。至 2004 年 9 月 15 日已实施复合吞吐工艺 284 井次,目前试验周期结束 56 井次,增油 50 井次,有效率为 89.3%,平均单井增油为 358 t,经济效益显著。

## ⊙ 3.3.2 超临界二氧化碳特性和驱油特性

二氧化碳在温度高于 31.26 ℃,压力高于 7.29 MPa 的状态下,性质发生变化,其密度近于流体,粘度近于气体,因此具有惊人的渗流能力,用它可溶解多种物质。HDCS 强化采油技术中的二氧化碳流体在地层中都处于超临界状态,研究超临界二氧化碳性质对进一步研究 HDCS 技术有重要意义。

### 3.3.2.1 超临界二氧化碳特性

(1)超临界流体的性质

纯净物质要根据温度和压力的不同,呈现出液体、气体、固体等状态变化,如果通过提高温度和压力来观察状态的变化,那么会发现,如果达到特定的温度、压力,会出现液体与气体界面消失的现象,该点被称为临界点。超临界流体指的是处于临界点以上温度和压力区域下的流体,在临界点附近会出现流体的密度、粘度、溶解度、热容量、介电常数等所有流体的物性发生急剧变化的现象。超临界流体由于液体与气体分界消失,因此成为即使提高压力也不会液化的非凝聚性气体。

超临界流体的物性兼具液体性质与气体性质,即密度大大高于气体,粘度比液体大为减小，扩散度接近于气体。另外，根据压力和温度的不同，这种物性会发生变化，因此，在提取、精制、反应等方面，越来越多地被用来作代替原有有机溶媒的新型溶媒使用。

由表 3-12 可以看出，超临界流体表现出以下若干特殊性质。

表 3-12　气体、液体和超临界流体的性质

| 性质 | 气体 | 超临界流体 | | 液体 |
|---|---|---|---|---|
| | 101.325 kPa,<br>15～30 ℃ | $T_c, p_e$ | $T_e, p_e$ | 15～30 ℃ |
| 密度/$(g \cdot mL^{-1})$ | $(0.6\sim2)\times10^{-3}$ | $0.2\sim0.5$ | $0.4\sim0.9$ | $0.6\sim1.6$ |
| 粘度/$(mPa \cdot s)$ | $(1\sim3)\times10^{-2}$ | $(1\sim3)\times10^{-2}$ | $(3\sim9)\times10^{-2}$ | $0.2\sim3$ |
| 扩散系数/$(cm^2 \cdot s^{-1})$ | $0.1\sim0.4$ | $0.7\times10^{-3}$ | $0.2\times10^{-3}$ | $(0.2\sim3)\times10^{-5}$ |

① 超临界流体具有类似气体的扩散性及液体的溶散能力，同时兼有低粘度、低表面张力的特性。

② 超临界流体在临界点附近，压力和温度的微小变化都可以引起流体密度很大的变化，并相应地表现为溶解度的变化。

（2）超临界二氧化碳特性研究

① 超临界二氧化碳（$scCO_2$）的几个物性参数与温度压力的关系

在一定条件下，利用声学原理对超临界二氧化碳表面张力、粘度和自扩散系数受温度及压力的影响进行了研究。

a. 表面张力

表面张力是指物质表面分子间的吸引力，它是一种抵抗表面积扩张的力。超临界二氧化碳具有表面张力小、低粘度、高扩散性、单一均匀相等特性，使其被广泛应用于各种领域。表面张力 $\sigma$ 与声速 $c$ 的关系如下：

$$\sigma = 6.3\times10^{-4}\rho c^{3/2} \qquad (3-4)$$

表面张力随温度的变化情况见表 3-13。

根据计算结果，绘制 10 MPa 和 15 MPa 下，$scCO_2$ 表面张力受温度影响的曲线，如图 3-27 所示。可以看到，随温度升高，表面张力明显下降；当温度继续升高时，表面张力趋于平缓；而随压力增加，表面张力增加，温度越高，表面张力随压力的变化量也逐渐减小。当温度大于 70 ℃后，其表面张力仅为 $1\times10^{-3}$ N·m$^{-1}$，远小于液体 $CO_2$ 的表面张力。

表 3-13　超临界二氧化碳表面张力 σ 随温度、压力变化情况

| σ/(10⁻³ N·m⁻¹) p/MPa＼T/K | 32 | 34 | 35 | 39 | 43 | 52 | 61 | 70 |
|---|---|---|---|---|---|---|---|---|
| 7.5 | 0.54 | 0.48 | 0.47 | 44.00 | 0.43 | 0.41 | 0.40 | 0.39 |
| 8 | 1.69 | 0.67 | 0.56 | 0.50 | 0.48 | 0.45 | 0.43 | 0.42 |
| 9 | 2.61 | 1.94 | 1.49 | 0.74 | 0.61 | 0.54 | 0.51 | 0.49 |
| 10 | 3.28 | 2.70 | 2.32 | 1.45 | 0.92 | 0.66 | 0.60 | 0.57 |
| 15 | 5.59 | 5.11 | 4.81 | 4.08 | 3.42 | 2.33 | 1.63 | 1.27 |
| 20 | 7.32 | 6.87 | 6.58 | 5.89 | 5.25 | 4.12 | 3.22 | 2.55 |
| 25 | 8.80 | 8.36 | 8.08 | 7.41 | 6.78 | 5.64 | 4.68 | 3.89 |
| 30 | 10.00 | 9.70 | 9.43 | 8.76 | 8.14 | 6.99 | 6.00 | 5.15 |

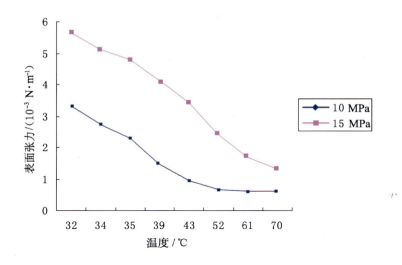

图 3-27　超临界二氧化碳表面张力随温度的变化曲线

b. 粘度

粘度是表示流体流动时，流体内部分子的流动阻力。液体粘度一般随温度上升而减小，气体粘度随温度上升而增加。粘度 $\eta$ 与声速 $c$ 的关系如下：

$$\eta = \frac{Mc}{4.28 \times 10^8 V_f^{2/3}} \qquad (3-5)$$

式中，$V_f = V - b$，表示自由体积。

粘度随温度变化情况见表 3-14。

表 3-14　超临界二氧化碳粘度 $\eta$ 随温度、压力变化情况

| $p$/MPa　$\eta$/($10^{-2}$ mPa·s)　$T$/K | 32 | 34 | 35 | 39 | 43 | 52 | 61 | 70 |
|---|---|---|---|---|---|---|---|---|
| 7.5 | 1.26 | 1.20 | 1.18 | 1.15 | 1.13 | 1.10 | 1.09 | 1.07 |
| 8 | 2.90 | 1.47 | 1.32 | 1.24 | 1.21 | 1.17 | 1.15 | 1.13 |
| 9 | 4.10 | 3.24 | 2.65 | 1.60 | 1.42 | 1.32 | 1.27 | 1.25 |
| 10 | 4.93 | 4.22 | 3.74 | 2.60 | 1.87 | 1.51 | 1.42 | 1.37 |
| 15 | 7.75 | 7.18 | 6.81 | 5.93 | 5.12 | 3.77 | 2.87 | 2.39 |
| 20 | 9.81 | 9.27 | 8.93 | 8.10 | 7.33 | 5.98 | 4.88 | 4.06 |
| 25 | 11.60 | 11.00 | 10.70 | 9.89 | 9.14 | 7.79 | 6.64 | 5.69 |
| 30 | 13.10 | 12.60 | 12.30 | 11.50 | 10.70 | 9.37 | 8.19 | 7.18 |

　　根据计算结果，绘制 10 MPa 和 15 MPa 下 scCO₂ 粘度受温度影响的曲线，如图 3-28 所示。可以看到，其变化趋势与表面张力类似，都有随温度升高粘度下降，随压力升高粘度升高的现象。其量级只有 $10^{-5}$ Pa·s，而液体粘度的量级通常为 $10^{-3}$ Pa·s，比液体低 2 个量级的粘度是 scCO₂ 在超临界流体技术中获得应用的重要因素。

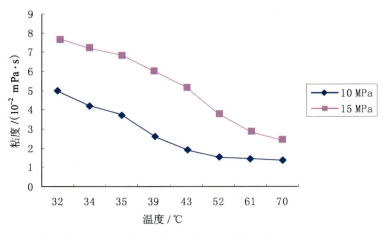

图 3-28　超临界二氧化碳粘度随温度的变化曲线

　　c. 自扩散系数

　　系统内部的物质在浓度梯度、化学位梯度、应力梯度的推动下，由于质点的热运动而导致定向迁移，从宏观上表现为物质的定向输送，此过程叫扩散。在纯物质中质点的迁移称为自扩散，这时得到的扩散系数称为自扩散系数。扩散系数是物质的一个重要的物性指标，体现了 scCO₂ 的输送特性。流体的

自扩散系数 $D$ 可由下式计算得到：

$$D = \frac{kT(\rho N)^{\frac{1}{3}}}{2\pi\eta}$$

(3-6)

式中，$k$ 为玻尔兹曼常数。

自扩散系数随温度变化情况见表 3-15。

表 3-15　超临界二氧化碳自扩散系数 $D$ 随温度、压力变化情况

| $D/(10^{-8}\,m^2 \cdot s^{-1})$　　$T/K$<br>$p/MPa$ | 32 | 34 | 35 | 39 | 43 | 52 | 61 | 70 |
|---|---|---|---|---|---|---|---|---|
| 7.5 | 9.27 | 8.76 | 8.73 | 8.73 | 8.76 | 8.85 | 8.98 | 9.12 |
| 8 | 4.81 | 8.36 | 8.51 | 8.52 | 8.56 | 8.67 | 8.79 | 8.93 |
| 9 | 3.50 | 4.36 | 5.24 | 7.67 | 8.05 | 8.27 | 8.42 | 8.56 |
| 10 | 2.95 | 3.43 | 3.84 | 5.32 | 6.90 | 7.78 | 8.03 | 8.20 |
| 15 | 1.95 | 2.11 | 2.22 | 2.56 | 2.95 | 3.96 | 5.05 | 5.89 |
| 20 | 1.57 | 1.66 | 1.73 | 1.92 | 2.13 | 2.63 | 3.22 | 3.86 |
| 25 | 1.35 | 1.42 | 1.47 | 1.60 | 1.74 | 2.07 | 2.45 | 2.87 |
| 30 | 1.20 | 1.25 | 1.29 | 1.39 | 1.50 | 1.75 | 2.03 | 2.34 |

根据计算结果，绘制 10 MPa 和 15 MPa 下 scCO$_2$ 自扩散系数受温度影响的曲线，如图 3-29 所示。可以看到，其变化趋势与表面张力和粘度相反，随温度增加，自扩散系数明显增加；随压力的升高，自扩散系数下降。从整体来看，scCO$_2$ 自扩散系数级数为 $10^{-8}$ m$^2$ · s$^{-1}$，为液体的 100 倍以上，这一特性是 scCO$_2$ 在超稠油接替降粘和动、热量高效传递的基础。

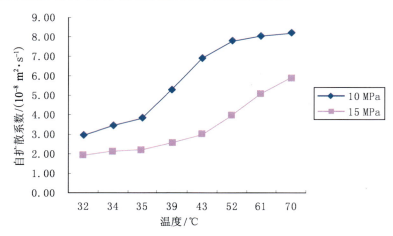

图 3-29　超临界二氧化碳自扩散系数随温度的变化曲线

② 超临界二氧化碳二元体系研究

测定的温度范围在30～51 ℃之间，压力均在10 MPa以下，共测量了6组超临界$CO_2$——第二组分体系的数据。表3-16列出了所有测量体系的临界温度和压力数据，实验数据都表明，每一个二元体系的临界温度和压力之间呈近似的线性关系，如图3-30所示。

表3-16　不同$CO_2$二元体系的临界属性

| 体系 | $x/\%$ 第二组分 | $T_c/℃$ | $p_c/MPa$ | $V/$ $(cm^3 \cdot mol^{-1})$ | 体系 | $x/\%$ 第二组分 | $T_c/℃$ | $p_c/MPa$ | $V/$ $(cm^3 \cdot mol^{-1})$ |
|---|---|---|---|---|---|---|---|---|---|
| $CO_2$＋甲苯 | 0.53 | 34.1 | 7.76 | 64.42 | $CO_2$＋异丁醛 | 0.41 | 38.5 | 8.05 | 68.92 |
| | 0.71 | 35.8 | 7.88 | 65.28 | | 0.52 | 39.0 | 8.11 | 68.00 |
| | 1.00 | 38.4 | 8.12 | 62.93 | | 0.74 | 40.5 | 8.22 | 62.5 |
| | 1.37 | 39.0 | 8.25 | 60.80 | | 1.06 | 42.4 | 8.43 | 67.38 |
| | 1.84 | 44.6 | 8.77 | 63.77 | | 1.39 | 45.1 | 8.71 | 70.46 |
| | 2.15 | 49.7 | 9.14 | 62.43 | | 1.92 | 49.3 | 9.04 | 64.12 |
| $CO_2$＋环己烷 | 0.51 | 31.4 | 7.35 | 60.74 | | 2.08 | 50.5 | 9.19 | 63.08 |
| | 0.74 | 32.8 | 7.46 | 65.28 | $CO_2$＋乙醇 | 0.42 | 34.7 | 7.51 | 57.20 |
| | 0.99 | 34.8 | 7.60 | 60.46 | | 0.46 | 35.2 | 7.62 | 60.83 |
| | 1.21 | 39.2 | 7.84 | 67.90 | | 0.91 | 37.1 | 7.76 | 58.13 |
| | 1.33 | 41.3 | 8.11 | 64.25 | | 1.24 | 39.5 | 8.01 | 53.80 |
| | 1.84 | 46.7 | 8.57 | 60.31 | | 1.56 | 40.6 | 8.23 | 58.05 |
| | 2.17 | 49.6 | 9.05 | 62.54 | | 2.23 | 44.7 | 8.66 | 57.76 |
| $CO_2$＋正丁醛 | 0.43 | 39.7 | 8.08 | 58.57 | $CO_2$＋甲醇 | 0.49 | 37.3 | 7.80 | 73.45 |
| | 0.70 | 40.4 | 8.26 | 66.42 | | 0.84 | 38.2 | 7.91 | 70.90 |
| | 0.75 | 41.3 | 8.30 | 70.27 | | 1.31 | 38.9 | 8.00 | 68.48 |
| | 1.02 | 43.5 | 8.54 | 64.36 | | 1.74 | 39.6 | 8.11 | 70.26 |
| | 1.44 | 46.8 | 8.89 | 67.48 | | 2.36 | 40.6 | 8.21 | 70.73 |
| | 1.88 | 49.3 | 9.26 | 60.52 | | 3.11 | 41.7 | 8.34 | 72.56 |

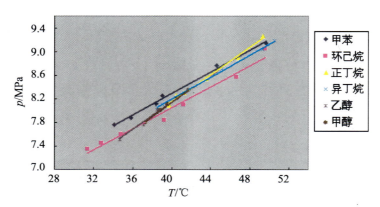

图 3-30　临界温度与临界压力的关系曲线

　　从图 3-30 还可以看出，所研究的 6 个二元体系，在摩尔分数为 0.4%～3.2%范围内，其临界温度和临界压力之间都近似呈线性关系，第二组分本身的临界温度和压力不同，二元体系的临界温度和压力曲线斜率有所差别。

　　由图 3-31 可知，临界温度随第二组分含量的增加而增加，二者之间存在近似的线性关系。此外，二元体系临界温度与第二组分物种有关，在相同含量条件下，$CO_2$＋正丁醛二元体系的临界温度最高，其次为 $CO_2$＋异丁醛体系，二者变化趋势几乎相同；再低之后则为 $CO_2$＋甲苯和 $CO_2$＋环己烷体系，在低浓度时 $CO_2$＋甲苯临界温度高于 $CO_2$＋环己烷，而当浓度大于 1.5 mol/L 时，$CO_2$＋环己烷的临界温度高于 $CO_2$＋甲苯。

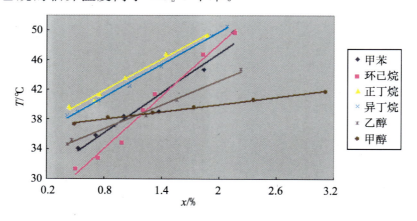

图 3-31　第二组分摩尔分数和临界温度的关系曲线

　　图 3-32 为第二组分摩尔分数对临界压力的影响，二元体系临界压力随第二组分含量的增加而增加，二者之间也存在近似线性关系。二元体系临界压力与第二组分物种有关，不同的第二组分之间，在摩尔分数相近的情况下，由于第二组分本身临界压力的不同，二元体系的临界压力存在较大差异。总之，

二元体系临界温度和临界压力均比纯二氧化碳的临界点要高,二元体系临界点与第二组分的临界点之间存在比较复杂的关系,有待进一步探讨。

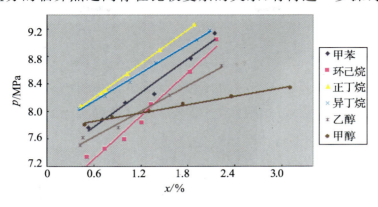

图 3-32　第二组分摩尔分数与临界压力的关系

③ 超临界二氧化碳溶解萃取能力研究

前面分析了超临界二氧化碳二元体系的临界温度、压力的变化,我们一般称第二组分为超临界二氧化碳的夹带剂。针对超稠油开发而言,夹带剂优选的主要目的不是临界温度和压力的变化,而是其对超临界二氧化碳在原油溶解度和超临界二氧化碳萃取原油轻组分能力。实验证明,即使是微量的夹带剂存在,也能使超临界二氧化碳在原油中的溶解度和超临界二氧化碳萃取原油轻组分能力呈现级数增长,为此在 HDCS 采油技术中,在油溶性复合降粘剂中添加了筛选的夹带剂,以期达到提高 HDCS 技术开发效果的目的。

此外,影响超临界二氧化碳溶解和萃取能力的因素还有压力、溶质相对分子质量或粒度、体积比等。压力增加,可使超临界二氧化碳的萃取能力增加;原油中的轻质组分相对分子质量越小,其萃取能力越大;二氧化碳与萃取物质的体积比愈大,则萃取量越大。通过数值模拟,根据具体的油田特点,可以最大限度地利用以上因素,提高 HDCS 技术实施效果。

### 3.3.2.2　超临界二氧化碳驱油特性

超临界二氧化碳驱油作为一种驱替方式,具备一般气驱所具有的驱替机理,它还具有因为二氧化碳在超临界状态下本身易溶于油和水的物理化学特性所带来的一些特殊的驱替机理。超临界二氧化碳驱的主要采油机理是降低原油的粘度,使原油体积膨胀、抽提和气化原油中的轻烃,减小界面张力。下面详细分析超临界二氧化碳提高采收率的机理。

（1）原油体积膨胀

二氧化碳在超临界状态下与地层剩余油接触溶解,使原油的体积大幅度膨胀,溶解二氧化碳后原油的体积系数可达 1.83。但溶解超临界二氧化碳后原油膨胀能力差别很大,一定体积的超临界二氧化碳溶解于原油,根据压力、温度和原油组分的不同,可使原油体积增加 $10\% \sim 100\%$,这是由超临界二氧化碳的溶解度不同引起的,超临界二氧化碳溶解能力越强,则地层油体积膨胀越多。原油体积膨胀后一方面可显著增加地层的弹性能量,另一方面膨胀后的剩余油脱离或部分脱离地层水的束缚,变成可动油,增加了流体的流动性。在超临界二氧化碳吞吐的吐出过程中,这部分可动油由于地层流体的驱动而产出,从而增加单井产量。

（2）降低原油粘度机理

当原油溶解一定量的超临界二氧化碳后,原油的粘度将大大降低,下降幅度取决于压力、温度和非碳酸原油的粘度大小。一般说来,原始原油粘度越高,在碳酸作用下粘度降低的百分数也越高,这种降粘作用如同热采中加热原油一样,可使原油粘度降低到原始的 $1/10 \sim 1/100$,由此可以看出,超临界二氧化碳对重质原油的降粘作用更为明显。在超临界二氧化碳吞吐的吐出过程中,降粘后的原油更易于被地层流体驱替到井筒,增加单井产量。

但是在原油饱和超临界二氧化碳后,如果再进一步增加压力,由于压缩作用,原油粘度将会增加,因此超临界二氧化碳在特定原油中的溶解能力决定了降粘效果。

（3）对岩石的酸化作用

溶解了超临界二氧化碳的水溶液略显酸性,在超临界二氧化碳吞吐注入及浸泡过程中,溶解有超临界二氧化碳的地层水可与地层基质相互反应。在页岩中,由于地层水 pH 降低,可以抑制储层的粘土膨胀,因此超临界二氧化碳水对粘土有稳定作用。在碳酸岩和砂岩中,超临界二氧化碳水与储层矿物能发生如下反应,从而部分溶解油层中的碳酸盐,提高近井地带油层渗透率,还可以看出,碳酸盐油藏更有利于超临界二氧化碳驱油。

$$CO_2 + H_2O \longrightarrow H_2CO_3$$
$$CaCO_3 + H_2CO_3 \longrightarrow Ca(HCO_3)_2 \longrightarrow Ca^{2+} + 2HCO_3^-$$

（4）气体流动携带和解堵作用

对于有过长期生产历史的油井,在近井地带可能有大量的有机垢和无机垢沉淀,堵塞油流通道,降低产能。在二氧化碳注入过程中,超临界态二氧化碳溶剂的流动,溶解、携带有机垢流入地层深处,同时二氧化碳—水混合物由于酸化作用解除无机垢堵塞,从而解除近井地带（含人造裂缝）污染,疏通油流通道,恢复单井产能。

（5）形成内部溶解气驱

由于注入超临界二氧化碳在原油中的溶解，随原油中溶解气量增加，井筒附近和油藏内部压力增加，地层能量增加。当油井开井，随油藏压力的下降，流体中的溶解气脱出，带动原油流入井筒，形成内部溶解二氧化碳驱，增加单井产量。另外，一些二氧化碳驱替原油后，占据了一定的孔隙空间成为束缚气，也可使原油增产。

（6）降低了油水界面张力

国内外研究表明，残余油饱和度随着油水界面张力的降低而减小。多数油藏的油水界面张力为 $10\sim20$ mN/m，要想使残余油饱和度趋向于零，必须使油水界面张力降低到 $0.001$ mN/m 或更低，界面张力降到 $0.04$ mN/m 以下，采收率便会明显提高。超临界二氧化碳在油中的溶解度比在水中的溶解度大 $3\sim9$ 倍，水中的二氧化碳促使岩石颗粒表面的油膜破裂并被冲洗，同时，又尽可能保护注水膜，这样，当油水界面张力很小时，积聚的残余油滴在孔隙通道内自由移动，从而提高油相的渗透率。同时超临界二氧化碳溶于水时，水的粘度增加，也可起到降低含水的作用，改善了油水流度比，提高了原油采收率。

（7）改善流度比

大量的超临界二氧化碳溶于原油和水，将使原油和水碳酸化，原油碳酸化后粘度降低，增加油的流度，而水碳酸化后，水的粘度增加，流度降低，油水流度差值缩小，流度比得到改善。

（8）分子扩散作用

非混相二氧化碳驱油机理是建立在超临界二氧化碳溶于油后，将会引起原油物性改变基础上的。为了最大限度地降低原油粘度和增加油的体积，以便获得最佳驱油效率，必须在油藏温度和压力条件下有足够的时间使超临界二氧化碳饱和原油。二氧化碳在超临界状态下密度大，与油的界面张力小，分子扩散过程加快，二氧化碳分子充分扩散到油中的时间和能力大大改善。

### ⊙ 3.3.3　超临界二氧化碳对超稠油性质的影响

#### 3.3.3.1　实验目的和实验设计

利用试验和分析手段针对超临界二氧化碳对超稠油的溶解降粘、防乳破乳、增能助排等非混相驱油的一般特性进行了研究。试验油样全部采用郑 411 块水平井 HDCS 吞吐一周后的原油，该区块的油藏埋深在 $1\,300\sim1\,500$ m，属常温常压系统,油藏温度 65~70 ℃,地层压力 12.5~13.5 MPa,50 ℃粘度一般大于 $20×10^4$ mPa·s。实验流程如图 3-33 所示。

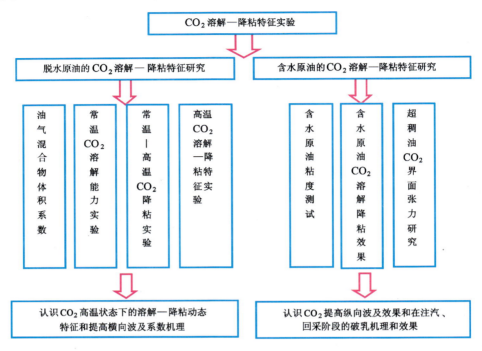

图 3-33　$CO_2$ 溶解—降粘特征实验流程图

☆ 实验设备:高温高压 PVT 釜(带磁力搅拌及恒温功能),国内温压等级最高的落球式粘度计,高压计量泵,活塞容器,电加热套,高压管线,精密压力表,阀门,六通阀,气瓶等。

☆ 实验方法:首先,通过 PVT 釜测定 $CO_2$ 在不同温度、压力、含水下对实验超稠油油样溶解度及饱和压力下体积系数、密度的影响,得出各影响参数对超稠油溶解度、体积系数、密度、粘度的影响规律。其次,按照一定比例把 $CO_2$ 和预先配制并测定了原油性质的地层原油装入 PVT 筒,通过移动筒内活塞来改变筒内油气混合物的体积(同时亦是改变了压力),把一系列对应的体积和压力绘于坐标纸上,曲线拐点处所对应的压力为该 $CO_2$ 含量下的饱和压力。之后,增加筒内 $CO_2$ 含量,再测出新的 $CO_2$ 含量下的饱和压力,这样就获得了不同 $CO_2$ 含量下的饱和压力曲线。用这种方法可以测定不同含水原油、不同温度、不同 $CO_2$ 含量下对应的饱和压力曲线并测定在饱和压力以上的油气混合物的体积系数、密度。其中原油含水为 0~50%,温度为 60~120 ℃,气油比为 1~110。测试前按预定将一定比例的含水原油和 $CO_2$ 在高压 PVT 釜中混合并不断搅拌使其混合均匀,在设定温度下恒温 4 h,测定其饱和压力、体积系数和密度。实验流程如图3-34所示。

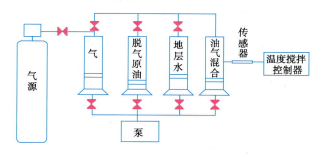

图3-34 原油溶解$CO_2$实验流程图

测混合物粘度时,按照一定比例把$CO_2$和预先配制并测定了原油性质的地层原油装入PVT筒,通过移动筒内活塞来改变筒内油气混合物的压力,$CO_2$在高压PVT釜中混合并不断搅拌使其混合均匀,在设定温度、压力下恒定4h,利用高压计量泵通过高压管线将油气混合物注入高温高压落球式粘度计中。设定落球式粘度计的加热温度,可以测量不同温度下混合液的粘度。实验流程如图3-35所示。

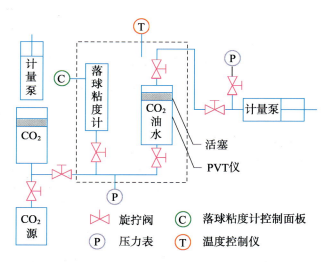

图3-35 高温高压粘度测量实验流程图

### 3.3.3.2 超临界二氧化碳在超稠油中的溶解度

（1）超临界二氧化碳溶解度随温度的变化规律

① 不同温度超临界二氧化碳在超稠油中的溶解度

实验分别在60℃、80℃、100℃、120℃下测定了超临界二氧化碳在超稠油中的溶解度,实验结果见表3-17和图3-36。

表 3-17　超稠油超临界二氧化碳饱和压力—溶解度关系

| 溶解度 /(sm³·m⁻³) | 饱和压力/MPa | | | |
|---|---|---|---|---|
| | 60 ℃时 | 80 ℃时 | 100 ℃时 | 120 ℃时 |
| 1 | 1.21 | 1.28 | 1.32 | 1.39 |
| 5 | 1.66 | 1.89 | 2.03 | 2.28 |
| 10 | 2.38 | 2.76 | 3.26 | 3.81 |
| 20 | 3.02 | 3.71 | 4.37 | 5.25 |
| 30 | 4.48 | 5.56 | 6.71 | 8.24 |
| 40 | 5.64 | 6.92 | 8.69 | 10.28 |
| 50 | 7.38 | 9.31 | 11.15 | 12.81 |
| 60 | 8.45 | 10.53 | 12.31 | 14.35 |
| 70 | 11.58 | 13.56 | 15.65 | 17.82 |
| 80 | 13.83 | 15.57 | 17.68 | 19.78 |
| 90 | 17.88 | 18.79 | 20.76 | 22.38 |
| 100 | 22.25 | 23.87 | 25.21 | 26.82 |
| 110 | 29.98 | 28.64 | 28.93 | 28.82 |

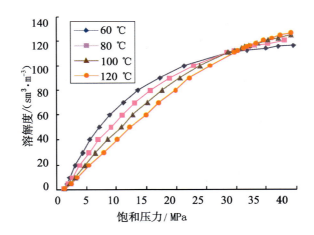

图 3-36　不同温度下超临界二氧化碳溶解度与饱和压力的关系

如图 3-36 所示,30 MPa 下超临界二氧化碳在超稠油中的溶解度达到最大值,约为 120 sm³/m³,而超临界二氧化碳在一般轻质油中同样压力下的溶解度可达 400 sm³/m³[6],大大高于超临界二氧化碳在郑 411 西区超稠油中的溶解度。超临界二氧化碳在郑 411 西区超稠油中的溶解度随压力增加而增大,但增大幅度越来越小,当饱和压力大于 30 MPa 时溶解度几乎不再变化。超临界二氧化碳溶解于原油的机理是抽提、萃取原油中的轻烃组分,故其溶解能力主要与原油的性质有关。超稠油 API 重度大,轻烃含量少,胶质、沥青质含量大,导致超临界二氧化碳对其溶解能力小。当压力低于 28 MPa 时,温度越高,同一饱和压力下溶解超临界二氧化碳的量越少;当压力高于此值时,温度越高,同一饱和压力下溶解超临界二氧化碳的量越多。这是超临界二氧化碳分子的运动能力、原油的分子间隙共同作用的结果。在低压下原油分子间隙较大,超临界二氧化碳分子运动对溶解度影响较大,温度越高,超临界二氧化碳分子运动剧烈,越容易蒸发气化,不利于在原油中的溶解。随着饱和压力的不断增加,原油由于被压缩而使密度越来越大,原油的分子间隙对溶解度影响较大,温度越低,原油密度越大,分子排列越致密,超临界二氧化碳分子越难以溶解在其中。

② 超临界二氧化碳在超稠油中的溶解度表达式验证

Welker 和 Simon 等人提出的两种预测溶解度的方法自 1960 年开始应用。前者的溶解度预测法所适用的温度不超过 27 ℃,后者得出的二氧化碳溶解度和膨胀系数的关系曲线对超临界二氧化碳在超稠油中的溶解特点不适用。Chung 等人做了大量的溶解特性实验,提出了稠油溶解二氧化碳的表达式,该公式可以较好地描述超临界二氧化碳在超稠油中的溶解特性。Chung 提出的二氧化碳溶解度表达式为:

$$R_s = 0.178^x \left[ a_1 \gamma^{a_2} T^{a_7} + a_3 T^{a_4} \exp(-a_5 P + a_6 / P) \right]^{-1} \tag{3-7}$$

其中　　　　　　$T = 1.8t + 32, P = 145p$

式中:$\gamma$——原油相对密度;

$t$——温度,℃;

$p$——压力,MPa;

$R_s$——溶解度,$m^3/m^3$;

$a_i$——常数,$i = 1 \sim 7$。

$a_1 = 0.4934 \times 10^{-2}$;$a_2 = 4.0928$;$a_3 = 0.571 \times 10^{-6}$;$a_4 = 1.6428$;$a_5 = 0.6763 \times 10^{-3}$;$a_6 = 781.334$;$a_7 = 0.2499$。

为保证实验数据在合理实验误差范围内,应用二氧化碳溶解度的解析表达式对表 3-15 中60 ℃、80 ℃、100 ℃、120 ℃下的超临界二氧化碳溶解度实验数据进行了分析验证,见表 3-18。

通过表 3-18 理论值和实测值的对比,计算平均误差在 5% 以内,说明预测值基本准确,可以用于分析研究。

表 3-18　溶解度—饱和压力的理论值和实测值对比

| 溶解度 /(sm³·m⁻³) | 饱和压力/MPa | | | | | | | | | | | |
|---|---|---|---|---|---|---|---|---|---|---|---|---|
| | 60 ℃时 | | | 80 ℃时 | | | 100 ℃时 | | | 120 ℃时 | | |
| | 理论 | 实测 | 误差 | 理论 | 实测 | 误差 | 理论 | 实测 | 误差 | 理论 | 实测 | 误差 |
| 1 | 1.16 | 1.21 | 4.31 | 1.27 | 1.28 | 0.79 | 1.37 | 1.32 | 3.65 | 1.45 | 1.39 | 4.14 |
| 5 | 1.76 | 1.66 | 5.68 | 1.99 | 1.89 | 5.03 | 2.23 | 2.03 | 8.97 | 2.48 | 2.28 | 8.06 |
| 10 | 2.28 | 2.38 | 4.39 | 2.67 | 2.76 | 3.37 | 3.06 | 3.26 | 6.54 | 3.55 | 3.81 | 7.32 |
| 20 | 3.22 | 3.02 | 6.21 | 3.91 | 3.71 | 5.12 | 4.67 | 4.37 | 6.42 | 5.45 | 5.25 | 3.67 |
| 30 | 4.28 | 4.48 | 4.67 | 5.36 | 5.56 | 3.73 | 6.41 | 6.71 | 4.68 | 7.89 | 8.24 | 4.44 |
| 40 | 5.58 | 5.64 | 1.08 | 6.97 | 6.92 | 0.72 | 8.62 | 8.69 | 0.81 | 10.18 | 10.28 | 0.98 |
| 50 | 7.11 | 7.38 | 3.80 | 9.01 | 9.31 | 3.33 | 10.77 | 11.15 | 3.53 | 12.15 | 12.81 | 5.43 |
| 60 | 8.85 | 8.45 | 4.52 | 11.02 | 10.53 | 4.45 | 12.81 | 12.31 | 3.90 | 14.95 | 14.35 | 4.01 |
| 70 | 11.12 | 11.58 | 4.14 | 13.16 | 13.56 | 3.04 | 15.15 | 15.65 | 3.30 | 17.12 | 17.82 | 4.09 |
| 80 | 13.71 | 13.83 | 0.88 | 15.68 | 15.57 | 0.70 | 17.56 | 17.68 | 0.68 | 19.95 | 19.78 | 0.85 |
| 90 | 17.25 | 17.88 | 3.65 | 18.92 | 18.79 | 0.69 | 20.61 | 20.76 | 0.73 | 22.25 | 22.38 | 0.58 |
| 100 | 21.34 | 22.25 | 4.26 | 22.87 | 23.87 | 4.37 | 24.01 | 25.21 | 5.00 | 25.72 | 26.82 | 4.28 |
| 110 | 29.72 | 29.98 | 0.87 | 28.48 | 28.64 | 0.56 | 28.61 | 28.93 | 1.12 | 29.67 | 28.82 | 2.86 |

　　③ 高温下超临界二氧化碳溶解度变化规律

　　在 HDCS 强化采油技术实施过程中,地层温度将从油藏温度快速升高到 300 ℃以上,超临界二氧化碳的溶解度也快速改变。受实验设备等客观条件限制,超临界二氧化碳在高于 200 ℃条件下的溶解度很难测定,通过测定油藏条件下超临界二氧化碳的溶解度,并与 Chung 表达式进行对比,可以推算出高温条件下超临界二氧化碳溶解度与温度的关系。

　　应用二氧化碳溶解度表达式可以计算出 200 ℃、250 ℃和 300 ℃下超临界二氧化碳的溶解度。表 3-19 列出了温度 200 ℃、250 ℃和 300 ℃下的超临界二氧化碳溶解度和饱和压力关系数据。图 3-37 为温度 60 ℃、80 ℃、100 ℃、120 ℃、200 ℃、250 ℃和 300 ℃下胜利油田超稠油超临界二氧化碳溶解度与温度、压力关系图版。

表 3-19　高温条件下超临界二氧化碳饱和压力与溶解度关系

| 饱和压力<br>/MPa | 200 ℃溶解度<br>/(sm³·m⁻³) | 250 ℃溶解度<br>/(sm³·m⁻³) | 300 ℃溶解度<br>/(sm³·m⁻³) |
|---|---|---|---|
| 1 | 0.09 | 0.06 | 0.05 |
| 2 | 1.40 | 1.00 | 0.75 |
| 3 | 3.72 | 2.67 | 2.03 |
| 4 | 6.32 | 4.56 | 3.47 |
| 6 | 11.62 | 8.48 | 6.49 |
| 8 | 17.02 | 12.57 | 9.70 |
| 10 | 22.72 | 16.99 | 13.20 |
| 12 | 28.84 | 21.85 | 17.13 |
| 14 | 35.45 | 27.26 | 21.58 |
| 16 | 42.55 | 33.27 | 26.61 |
| 18 | 50.12 | 39.87 | 32.29 |
| 20 | 58.06 | 47.06 | 38.62 |
| 22 | 66.25 | 54.78 | 45.59 |
| 24 | 74.55 | 62.90 | 53.17 |
| 26 | 82.79 | 71.31 | 61.25 |
| 28 | 90.81 | 79.85 | 69.74 |
| 30 | 98.48 | 88.34 | 78.46 |

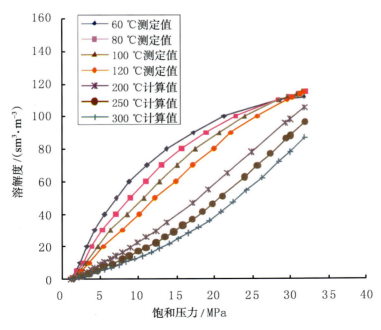

图 3-37　胜利油田超稠油二氧化碳溶解度与温度、压力关系图版

分析图 3-37 可以看出：

在压力 10 MPa 下，当温度从 60 ℃ 上升到 300 ℃，超临界二氧化碳的溶解度由 64.5 sm³/m³ 下降到 13.2 sm³/m³，1 m³ 原油析出 51.3 m³ 超临界二氧化碳（见表 3-20）。在压力为 15 MPa、20 MPa 时，当温度由 60 ℃ 上升到 300 ℃，1 m³ 原油析出 62.1 m³、60.3 m³ 超临界二氧化碳。对比发现，在油层温度上升到 300 ℃ 过程中，约 60%～80% 的超临界二氧化碳将从原油中析出。

表 3-20　超临界二氧化碳溶解度随温度变化的统计数据

| 温度/℃ | 压力 10 MPa | | | 压力 15 MPa | | | 压力 20 MPa | | |
| --- | --- | --- | --- | --- | --- | --- | --- | --- | --- |
| | 溶解度 /(sm³·m⁻³) | 溶解度降幅 /(sm³·m⁻³) | 降幅比例 | 溶解度 /(sm³·m⁻³) | 溶解度降幅 /(sm³·m⁻³) | 降幅比例 | 溶解度 /(sm³·m⁻³) | 溶解度降幅 /(sm³·m⁻³) | 降幅比例 |
| 60 | 64.5 | | | 86.2 | | | 98.9 | | |
| 300 | 13.2 | −51.3 | 79.5% | 24.1 | −62.1 | 72% | 38.6 | −60.3 | 61% |

在温度 60 ℃ 下，当压力从 10 MPa 上升到 20 MPa，超临界二氧化碳的溶解度从 64.5 sm³/m³ 增加到 98.9 sm³/m³，1 m³ 原油能继续溶解 34.4 m³ 超临界二氧化碳（见表 3-21）。在 300 ℃ 下，当压力从 10 MPa 上升到 20 MPa，1 m³ 原油能继续溶解 25.4 m³ 超临界二氧化碳。对比说明，随着注入压力的升高，超临界二氧化碳的溶解能力又得到增强，超临界二氧化碳能继续在原油中发生溶解降粘作用。但在温度升高的过程中，压力变化引起的超临界二氧化碳溶解度上升幅度要小于因温度变化引起的超临界二氧化碳溶解度下降幅度。

表 3-21　超临界二氧化碳溶解度随压力变化的统计数据

| 压力/MPa | 温度 60 ℃ | | 温度 300 ℃ | |
| --- | --- | --- | --- | --- |
| | 溶解度 /(sm³·m⁻³) | 溶解度增幅 /(sm³·m⁻³) | 溶解度 /(sm³·m⁻³) | 溶解度增幅 /(sm³·m⁻³) |
| 10 | 64.5 | | 13.2 | |
| 20 | 98.9 | +34.4 | 38.6 | +25.4 |

根据表 3-20、表 3-21 数据和图 3-37 曲线分析认为，随着 HDCS 技术中蒸汽的初期注入，近井地带温度快速上升，超临界二氧化碳因温度升高而溶解能力急剧降低，在油藏温度下溶解在原油中的超临界二氧化碳有约 60%～80% 从原油中析出并迅速膨胀扩散。油溶性复合降粘剂、超临界二氧化碳和蒸汽的波及范围迅速扩大。降粘剂、超临界二氧化碳和蒸汽波及范围的迅速扩大

是蒸汽初期注入阶段的主要特征。

当蒸汽注入结束并开始焖井,在高温状态下,降粘剂、超临界二氧化碳与蒸汽的分布达到一个新的动态平衡状态。在这一阶段,温度和压力趋于稳定,超临界二氧化碳充分溶解,蒸汽、热水的热量得到充分交换,加热半径进一步扩大。

超临界二氧化碳从注汽前油层温度状态下的动态平衡到高温状态下的动态平衡,是一种质量、动量和热量的相间传递过程,超临界二氧化碳在整个过程中的扩散程度和扩散速度与蒸汽、水和油等相态的性质、温度和粘度有关。

（2）超临界二氧化碳溶解度随含水的变化规律

在 70 ℃下郑 411 块原油含水 10％、30％、50％时的超临界二氧化碳溶解度与饱和压力关系见表 3-22、图 3-38。

表 3-22　不同含水下超临界二氧化碳溶解度与饱和压力关系

| 溶解度 /(sm³·m⁻³) | 饱和压力/MPa | | | |
|---|---|---|---|---|
| | 不含水 | 含水 10％ | 含水 30％ | 含水 50％ |
| 1 | 1.16 | 0.48 | 0.22 | 0.13 |
| 5 | 1.78 | 1.44 | 1.46 | 1.39 |
| 10 | 2.35 | 2.56 | 2.74 | 3.02 |
| 20 | 3.53 | 4.26 | 4.56 | 5.61 |
| 30 | 4.86 | 5.76 | 6.21 | 8.29 |
| 40 | 5.93 | 7.08 | 8.08 | 11.72 |
| 50 | 7.51 | 8.87 | 10.14 | 17.22 |
| 60 | 9.12 | 10.85 | 12.73 | 26.32 |
| 70 | 11.09 | 13.27 | 15.95 | |
| 80 | 13.06 | 16.16 | 21.24 | |
| 90 | 16.73 | 20.6 | 29.11 | |
| 100 | 20.86 | 26.68 | | |
| 110 | 25.42 | | | |

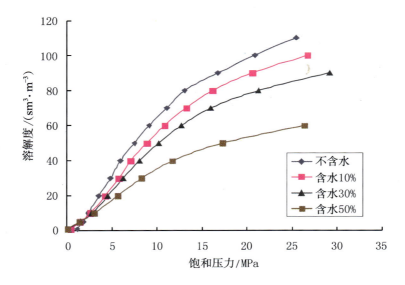

图 3-38　不同含水下二氧化碳溶解度与饱和压力关系曲线

从表 3-22 看出，含水 10％、30％、50％，超临界二氧化碳的最大溶解能力分别为 100 sm³/m³、90 sm³/m³ 和 60 sm³/m³。与脱水原油最大溶解度 110 sm³/m³ 相比，溶解能力降低。

分析认为，超临界二氧化碳在原油中的溶解度不受水的影响，含水原油溶解度降低的原因是超临界二氧化碳在水中的溶解度较低。

### 3.3.3.3　超临界二氧化碳—超稠油体系体积系数变化规律

根据图 3-39，在 60 ℃条件下，随着溶解度从 50 sm³/m³ 增至 110 sm³/m³，原油体积系数由 1.142 增加到 1.288；在 120 ℃条件下，体积系数由 1.155 增

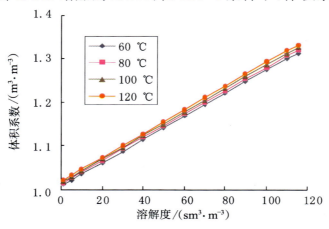

图 3-39　二氧化碳溶解度与体积系数关系曲线

加到1.311。实验结果表明,在一定温度条件下,超稠油的体积系数随超临界二氧化碳溶解度增加而呈线性增加。分析认为,随着超临界二氧化碳溶解度的增加,地层超稠油体积膨胀10％～30％。原油体积膨胀不但可以增加弹性驱动能量,还有利于膨胀后的剩余油脱离地层水及岩石表面的束缚,变成可动油,从而降低残余油饱和度,提高原油采收率。

### 3.3.3.4　超临界二氧化碳对超稠油的降粘作用研究

（1）定压力条件下超临界二氧化碳对超稠油的降粘作用

实验在温度70 ℃、压力13 MPa条件下,测定了超稠油在超临界二氧化碳溶解气油比分别为5 sm³/m³、10 sm³/m³、20 sm³/m³、30 sm³/m³、40 sm³/m³、50 sm³/m³、60 sm³/m³、70 sm³/m³条件下的油气混合物的粘度,实验结果见表3-23、图3-40。

**表3-23　超临界二氧化碳降粘实验数据**

| 气油比 /(sm³·m⁻³) | 油气混合物粘度 /(mPa·s) | 降粘率 /% | 备　注 |
| --- | --- | --- | --- |
| | | | 备注饱和压力/MPa |
| 5 | 12 841 | 19.18 | 1.88 |
| 10 | 6 923 | 56.43 | 2.47 |
| 20 | 2 797 | 82.4 | 3.57 |
| 30 | 1 245 | 92.16 | 4.81 |
| 40 | 758 | 95.23 | 6.25 |
| 50 | 482 | 96.97 | 7.95 |
| 60 | 305 | 98.08 | 9.9 |
| 70 | 224 | 98.59 | 12.21 |

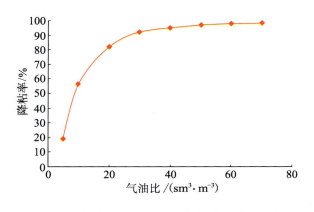

图3-40　溶解气油比—降粘率关系曲线

由图 3-40 的关系曲线可以看出,随超临界二氧化碳溶解气油比的增加,油气混合物粘度快速下降。当气油比达到 30 sm³/m³ 时,其降粘率达 90% 以上。气油比达到 50 sm³/m³ 时,粘度降为 482 mPa·s,降粘率已经达到 96.97%。当气油比大于 50 sm³/m³ 以后,降粘幅度变缓。在油藏条件下,其降粘率超过 99%,降粘效果明显。

(2)压力对超临界二氧化碳降粘作用的影响

在 HDCS 技术超临界二氧化碳注入后,由于超临界二氧化碳相对于原油总体物质的量较少,所以导致溶解了超临界二氧化碳的原油在油藏条件下还有继续溶解的能力,一般以未饱和状态存在,因此研究未饱和状态下超临界二氧化碳对超稠油的降粘能力具有重要意义。

郑 411 区块脱气原油在溶解气油比 50 sm³/m³、温度 70 ℃、压力 10 MPa、11 MPa、12 MPa、13 MPa、14 MPa、15 MPa、16 MPa、17 MPa、18 MPa、19 MPa、20 MPa 下油气混合物的粘度,见表 3-24、图 3-41。

表 3-24　超稠油溶解超临界二氧化碳未饱和状态下的压力—原油粘度关系

| 压力/MPa | 溶气原油粘度/(mPa·s) | 降粘率/% | 降粘倍率 |
|---|---|---|---|
| 10 | 464 | 97.08 | 34.24 |
| 11 | 473 | 97.02 | 33.61 |
| 12 | 481 | 96.97 | 33.05 |
| 13 | 485 | 96.95 | 32.78 |
| 14 | 498 | 96.87 | 31.93 |
| 15 | 510 | 96.79 | 31.17 |
| 16 | 525 | 96.7 | 30.28 |
| 17 | 533 | 96.65 | 29.83 |
| 18 | 547 | 96.56 | 29.07 |
| 19 | 558 | 96.49 | 28.49 |
| 20 | 572 | 96.4 | 27.80 |

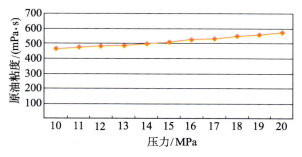

图 3-41　超稠油溶解超临界二氧化碳未饱和状态下的压力—原油粘度关系曲线

表 3-24 实验数据说明,在温度 70 ℃,压力 10 MPa 情况下,未饱和超临界二氧化碳的原油粘度是 464 mPa·s;当压力升高到 15 MPa 时,粘度为510 mPa·s,粘度上升幅度9.9%;压力为 20 MPa 时,粘度为 572 mPa·s,粘度上升幅度 23%。

根据实验结果,当压力从 10 MPa 上升到 20 MPa,压力增幅 100%,而未饱和超临界二氧化碳的原油粘度增幅为 23%,但从降粘效果来看,降粘率由97.05% 下降至 96.4%,降粘率变化增幅很小,这一特征对注入蒸汽的过程十分有利。

### 3.3.3.5　超临界二氧化碳在超稠油中的防乳、破乳作用研究

在常规直井或水平井蒸汽吞吐过程中,由于蒸汽前缘冷凝和热水与地层进一步的热交换,在蒸汽加热边缘存在温度较低的冷水,与稠油发生严重的油包水乳化。这种乳化结果,在注汽阶段,会在注汽前缘形成乳化带,提高原油粘度,蒸汽热损失加大,热波及范围减小;在回采阶段,随着井底温度的降低,会在油井周围形成乳化带,增加渗流阻力,降低油井产能。超稠油由于胶质、沥青质含量高,表面极性强,这种乳化现象更严重。

郑 411 区块脱气原油在常压,温度为 70 ℃ 含水 0、10%、20%、30%、40%、50%下油包水型乳化超稠油的粘度见表 3-25。

表 3-25　不同含水原油粘度

| 含水/% | 0 | 10 | 30 | 50 |
|---|---|---|---|---|
| 原油粘度/(mPa·s) | 15 889 | 20 128 | 40 536 | 65 157 |

当含水由 0 上升到 30%,原油粘度由 15 889 mPa·s 上升到 40 536 mPa·s,粘度增幅 2.55 倍;当含水上升到 50%,粘度增幅已达 4.1 倍。因此所选超稠油含水乳化问题严重。

(1)二氧化碳防乳、破乳作用

郑 411 区块脱气原油在超临界二氧化碳溶解气油比为 50 sm³/m³、温度为70 ℃、压力 13 MPa 条件下,含水 0、10%、20%、30%、40%、50%时的油气混合物粘度,见表 3-26、图 3-42。

表 3-26 显示,当含水 10%,溶解超临界二氧化碳后,原油粘度由20 128 mPa·s降到 515 mPa·s,降粘率 97.44%;当含水 50%时,降粘率达99.01%。

表 3-26　不同含水超临界二氧化碳降粘效果

| 含水率/% | 原油粘度/(mPa·s) | 降粘后原油粘度/(mPa·s) | 降粘率/% |
|---|---|---|---|
| 0 | 15 889 | 495 | 96.88 |
| 10 | 20 128 | 515 | 97.44 |
| 20 | 27 497 | 538 | 98.04 |
| 30 | 40 536 | 566 | 98.60 |
| 40 | 51 284 | 600 | 98.83 |
| 50 | 65 157 | 639 | 99.01 |

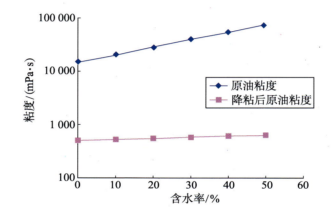

图 3-42　含水率—降粘效果关系曲线

　　根据前面含水原油粘度测试结果,在一定含水条件下,超稠油形成的油包水乳状液使原油粘度大幅度上升。根据本节实验结果,含水原油溶解超临界二氧化碳后,能够实现破乳降粘,随含水增加,溶解二氧化碳的原油粘度略有上升,但上升幅度小,可认为二氧化碳降粘能力基本不受水的影响。由于含水原油粘度较脱水原油粘度大幅度上升,所以表现为随含水增加,降粘率增加。

　　超临界二氧化碳的破乳能力与超临界二氧化碳降低油水界面张力的性质和超临界二氧化碳溶解于水后形成的酸性条件有关。在含水条件下,超临界二氧化碳溶解后形成酸性条件,$H^+$ 与沥青质和胶质分子极性基团上 N、O、S 的弧对电子结合,使这些极性基具有部分阳离子表面活性剂亲水基的性质,它们在油水界面吸附后,分子间相互作用力也降低,从而使界面活性升高,粘弹性降低。由于上述因素,溶解超临界二氧化碳后的油水乳状液的稳定性变差;随着超临界二氧化碳在油和水中的充分溶解,油包水乳状液实现破乳。根据以上分析,超临界二氧化碳溶解于原油也能防止超稠油形成油包水乳状液。

HDCS技术中超临界二氧化碳防乳破乳作用特性,结合油溶性复合降粘剂的防乳、破乳作用,能有效降低蒸汽前缘冷水乳化带的粘度,扩大蒸汽波及范围;在回采时,防止油包水乳化,提高渗流能力。

（2）超临界二氧化碳—超稠油界面张力

因为超临界二氧化碳溶解于超稠油中,所以原油与二氧化碳之间的界面张力会有所降低,郑411区块脱气原油与超临界二氧化碳的界面张力随压力的变化关系如图3-43所示。

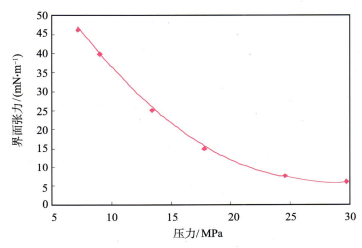

图3-43　二氧化碳—超稠油界面张力与压力的变化关系

随着二氧化碳的充分溶解,超临界二氧化碳与原油界面张力逐渐降低;随着压力的升高,超临界二氧化碳的溶解能力增加,界面张力继续降低。当压力大于20 MPa时界面张力基本不变,此时界面张力基本维持在8.6 mN/m。

当原油中溶解超临界二氧化碳后,液—液分子间的作用力变为液—超临界分子间的作用力,由于液—液分子间作用力远大于液—超临界分子间作用力,超稠油粘度大大降低。同时,对于中深层超稠油油藏,由于具有较高的饱和压力,超临界二氧化碳的溶解能力强,在高于15~20 MPa压力情况下,超临界二氧化碳具有一直保持18~8.6 mN/m的气—油界面张力水平的趋势。相关研究表明,原油形成的油包水乳状液油水界面张力一般为25~30 mN/m。超稠油溶解大量超临界二氧化碳后,由于原油性质改变和形成油水界面膜的成膜物质界面活性提高,油水界面张力达不到原油形成油包水乳状液的界面张力范围。

研究表明,在温度、压力、矿化度等条件一定的情况下,破乳剂的破乳性能与降低界面张力的能力直接相关,因此,超临界二氧化碳在注汽高压条件下能起到超稠油破乳和防反相乳化的作用。

# 3.4 蒸汽在超稠油开发中的作用[15~16]

（1）加热降粘作用

稠油的突出特性是粘度对温度非常敏感，可从粘温曲线上看出，当向油层注入 250～350 ℃高温高压蒸汽和热水后，近井地带相当距离内的油层和原油被加热。虽然注入油层的蒸汽优先进入高渗透层，而且由于蒸汽的密度很小，在重力作用下，蒸汽将向油层顶部超覆，油层加热并不均匀。但由于热对流及热传导作用，注入蒸汽量足够多时，加热范围逐渐扩展，蒸汽带的温度仍保持在井底蒸汽温度。蒸汽凝结带，即热水带的温度虽有所下降，但仍然很高。这样形成的加热带中的原油粘度将由几千到几万毫帕秒降低到几毫帕秒，原油流向井底的阻力大大减小，流动系数（$Kh/\mu$）成几十倍地增加，油井产量必然会增加许多倍。

（2）加热后油层弹性能量的释放

对于油层压力较高的油层，油层的弹性能量在油层加热后充分释放出来，成为驱油能量。而且，受热后的原油产生膨胀，一般在 200 ℃时体积膨胀 10%左右，原来油层中如果存在少量的游离气，也将溶解于热原油中。即使一般稠油油藏的原始气油比很低，例如仅 5 $m^3$/t，加热后溶解气驱的作用也很大，这也是重要的增产机理。在蒸汽吞吐数值模拟计算中，考虑了岩石压缩系数、含气原油的降粘作用等，但生产中实际的产量往往比计算预测的产量高，尤其是第一周期，这说明加热油层后，放大压差生产时，弹性能量、溶解气驱及流体的热膨胀等发挥了相当重要的作用。

（3）重力驱作用

对于厚油层，热原油流向井底时，除油层压力驱动外，还受到重力驱动作用。

（4）回采过程中吸收余热

当油井注汽后回采时，蒸汽加热的原油及蒸汽凝结水在较大的生产压差下采出带走了大量热能；但加热带附近的冷原油将以极低的流速流向近井地带，补充到降压的加热带。由于吸汽油层、顶盖层及夹层中的余热仍能将原油粘度降低，因而流向井底的原油数量可以延续很长时间。尤其对于普通稠油（粘度在 10 000 mPa·s 内），在油层条件下本来就具有一定的流动性，当原油被加热温度高于原始油层温度时，在一定的压力梯度下，原油流向井底的速度加快。但是，对于特稠油（粘度 $1 \times 10^4 \sim 5 \times 10^4$ mPa·s），非加热带的原油进入供油区的量要少,超稠油(粘度大于 $5×10^4$ mPa·s)流动更困难。

(5)地层的压实作用是不可忽视的一种驱油机理

委内瑞拉马拉开波湖岸重油区,实际观测到蒸汽吞吐开采 30 年以来,由于地层压实作用,产生严重的地面沉降,产油区地面沉降达 20~30 m。据研究,地层压实作用驱出的油量高达 15% 左右。

据报道,美国加州重油区蒸汽吞吐过程中增产油量约 5%~7% 是来自地层压实机理。中国尚未作系统观测及研究,但确信存在地层压实作用。

(6)蒸汽吞吐过程中的油层解堵作用

稠油油藏在钻井、完井、井下作业及采油过程中,入井液及沥青、胶质很容易堵塞油层,造成严重的油层损害。一旦造成油层损害后,常规采油方法,甚至采用酸化、热洗等方法都很难清除堵塞物。这是由于固体堵塞物受到稠油中沥青、胶质成分的粘结作用,加上流速很低时很难排出,不具备像轻质原油油藏在采油初期那样强的自喷“自洁”解堵作用。在 20 世纪 80 年代初期,某些稠油油田的生产实践已证实油层污染很严重,各种解堵方法不见效。但是,在采用蒸汽吞吐技术后,油井产量出乎预料地高。例如辽河高升油田,几十口常规采油井日产量低于 10 t。进行蒸汽吞吐后,尤其在注完蒸汽(2 000~3 000 t)后,仅焖井 1~3 d,开井回采时便能够自喷,放喷速度更是高达 200~300 m³/d 左右,放喷数小时到十几小时,正常自喷生产,日产量高达 50~100 t,个别井超过 100 t,其他油田也有类似情况。蒸汽吞吐后的解堵机理在于:注入蒸汽加热油层及原油大幅度降粘后,在开井回采时改变了液流方向,油、蒸汽及凝结水在放大生产压差条件下高速流入井筒,将近井眼地带的堵塞物排出,大大改善了油井渗流条件。

(7)蒸汽膨胀的驱动作用

注入油层的蒸汽在回采时具有一定的驱动作用。分布在蒸汽加热带的蒸汽,在回采降低井底压力过程中,蒸汽将大大膨胀,部分高压凝结热水则由于突然降压闪蒸为蒸汽。这些都具有一定程度的驱动作用。

(8)溶剂抽提水热裂解作用

油层中的原油在高温蒸汽下产生某种程度的裂解,使原油轻馏分增多,起到一定的溶剂抽提作用。

这几年国外已有研究报告认为,在蒸汽吞吐及蒸汽驱开采过程中,油层中的原油有轻度裂解现象,较轻的组分优先采出。国内姜嘉陵等人研究了单家寺油田蒸汽吞吐过程中原油性质的变化。从选择的 6 口蒸汽吞吐井回采过程中系统取样分析结果得出,先采出的原油轻,随着时间延长,逐渐变重,尤以第一个月内变化幅度较大。例如,单 10-25-9 井,回采第 11 天的原油密度(20 ℃)由 0.971 0 g/cm³ 增加到第 205 天的 0.980 5 g/cm³;相应的原油粘度(50 ℃脱气)由 2 911 mPa·s 升到 10 351 mPa·s,变化达 35 倍。同一油井不同周期采出原油均有由轻变重的规律,而且后一周期比前一周期趋于变重。这种油层中的原油热裂解作用,无疑对油井增产起到了积极作用。

(9)改善油相渗透率的作用

在非均质油层中,注入湿蒸汽加热油层后,在高温下,油相与水相的相对渗透率发生变化,砂粒表面的油膜被破坏导致岩石润湿性改变,由原来油层为亲油或强亲油,变为亲水或强亲水。在同样含水饱和度条件下,油相渗透率增加,水相渗透率降低,束缚水饱和度增加。而当热水吸入低渗油层,替换出的油进入渗流孔道,增加了流向井筒的可动油。这种变化规律,可由北京石油勘探开发研究院热采所进行过的大量高温相渗透率测定研究看出。

(10)预热作用

在多周期吞吐中,前一次回采结束时留在油层中加热带的余热对下一周期吞吐将起到预热作用,有利于下一周期的增产。现场生产中常发现第二周期的峰值产量较初次吞吐要高,原因就是余热的作用。总的生产规律是随着周期的增加,产油量逐次减少。因为油层能量在逐渐下降,而且产出油大部分来自同样的加热带,且受到凝结水的替换与驱替。为增加下一周期产油量,需逐次增加周期注汽量以扩大加热带,同时应注意提高回采水率,减少近井地带的存水率,提高新一周期由凝结热水替换与驱替油的作用。

(11)放大压差作用

以上蒸汽吞吐增产机理发挥效力的必需条件是放大压差采抽。要尽量在开井回采初期放大生产压差,就是将井底流动压力或流动液面降到油层位置,即抽空状态。获取初期阶段的峰值产油量及排水率,对增加周期总产量至关重要。

(12)边水的影响

某些有边水的稠油油藏,在蒸汽吞吐采油过程中,随着油层压力下降,边水向开发区推进驱油,如胜利油区单家寺油田及辽河油区欢喜岭锦 45 区。在前几轮吞吐周期,边水推进在一定程度上补充了压力,有增产作用。但一旦边水推进到生产井,含水率迅速增加,产油量受到影响,而且由于油层条件下油水粘度比的大小不同,其正、负效应也有不同;但总的来看,弊大于利,尤其是极不利于以后的蒸汽驱开采,应控制边水推进。

从总体上讲,蒸汽吞吐开采属于依靠天然能量开采,只不过在人工注入一定数量蒸汽并加热油层后,产生了一系列强化采油机理,主要是原油加热降粘的作用。

## 参考文献

1　Hernanta K.Sarma.水平井技术研究展望.国外水平井技术应用论文集.北京:石油工业出版社,1999:57~65

2　梁文杰.石油化学.东营:石油大学出版社,2004

3　张凤英,李建波,诸林,等.稠油油溶性降粘剂研究进展.特种油气藏,2006,13(2):1~4

4　常运兴,张新军.稠油油溶性降粘剂降粘机理研究.油气田地面工程,2006,25(4):8~9

5　陶磊,王勇,李兆敏,等.$CO_2$/降粘剂改进超稠油物性研究.陕西科技大学学报,2008,26(6):25~29

6　王大喜,陈秋芬,赵玉玲,等.油溶性降粘剂作用机理的密度泛函计算.石油学报(石油加工),2005,21(6):40~45

7　顾国兴.单家寺油田单6东超稠油开采配套工艺技术.油气地质与采收率,2003,10(4):73~74,77

8　王守岭,孙宝财,王亮,等.$CO_2$吞吐增产机理室内研究与应用.钻采工艺,2004,27(1):91~94

9　李振泉,黄代国.商13-22单元$CO_2$驱室内实验研究.油气采收率技术,2000,7(3):9~11

10　张红梅,安九泉,吴国华.深层稠油油藏$CO_2$吞吐采油工艺试验.石油钻采工艺,2002,24(2):53~55

11　谈士海,张文正.非混相$CO_2$驱油在油田增产中的应用.石油钻采工艺,2001,29(2):58~60

12　张小波.蒸汽-二氧化碳-助剂吞吐开采技术研究.石油学报,2006,27(2):80~84

13　周正平.稠油井$CO_2$吞吐采油技术.海洋学报,2003,23(3):72~76

14　王守岭,孙宝财,王亮.$CO_2$吞吐增产机理室内研究与应用.钻采工艺,2004,27(1):91~94

15　童景山.化工热力学.北京:清华大学出版社,1995

16　刘文章.热采稠油油藏开发模式.北京:石油工业出版社,1998

# 第四章 CHAPTER 4

# HDCS强化采油技术机理及模型

HDCS 强化采油技术是一种采用高效油溶性复合降粘剂和二氧化碳辅助水平井蒸汽吞吐,利用其滚动接替降粘,热量、动量传递,增能助排等作用,降低注汽压力、扩大热波及范围,实现中深层、特超稠油油藏有效开发的技术。其中水平井是 HDCS 强化采油技术的基础,高效油溶性复合降粘剂的强降粘作用是保证,二氧化碳的综合传递作用是关键,而 HDCS 的协同作用是实现超稠油油藏开发的根本。

## 4.1 HDCS强化采油技术各元素间的相互促进作用

HDCS 强化采油技术中油溶性复合降粘剂、二氧化碳及蒸汽,其本身对热采开发有着重要作用,而当这些元素复合使用时,其效果的叠加和促进成为 HDCS 强化采油技术的核心。

### ⊙ **4.1.1　DC 协同作用**

油溶性复合降粘剂和二氧化碳都有较好的降粘作用,二者的协同作用可以使其降粘作用进一步增强,有效降低近井地带原油粘度,进而降低注汽压力。

（1）超临界二氧化碳对 SLKF 系列复合降粘剂的促进作用

① 超临界二氧化碳对 SLKF 系列复合降粘剂的协同降粘机理

油层条件下,SLKF 系列复合降粘剂在超临界二氧化碳作用下解聚能力提高,能够更加有效地分散沥青聚集体,降粘能力进一步提升。

按 SH/T 0266-92[1] 和 SH/T 0509-92[2] 标准分离四组分,以油品为样品进行液固吸附色谱分离时,最先流出的是非极性的饱和烃（烷烃及环烷烃）,接着是芳香烃,此后才是非烃化合物,流程如图 4-1 所示。采用 Knauer VPO 分子质量测定仪按 VPO 法（饱和蒸汽压渗透法）测定各组分数均相对分子质量,溶剂为甲苯,中国石油大学(华东)重质油国家重点实验室实验结果见表 4-1。

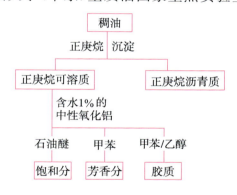

图 4-1　四组分分析方法

**表 4-1　四组分含量分析结果**

| 组分 | 饱和分/% | 芳香分/% | 胶质/% | 沥青质/% |
|---|---|---|---|---|
| 稠油 | 24.97 | 24.45 | 38.45 | 12.13 |
| 稠油＋降粘剂 | 25.02 | 24.75 | 38.21 | 12.02 |
| 稠油＋柴油 | 25.06 | 24.39 | 38.43 | 12.12 |
| 稠油＋蒸汽 | 24.99 | 24.42 | 38.46 | 12.13 |
| 稠油＋二氧化碳＋蒸汽 | 24.99 | 24.48 | 38.41 | 13.12 |
| 稠油＋二氧化碳＋蒸汽＋降粘剂 | 25.05 | 25.85 | 37.79 | 11.31 |
| 稠油＋二氧化碳 | 24.96 | 24.43 | 38.46 | 12.15 |

胶质、沥青质相对分子质量见表4-2。

表4-2  胶质、沥青质相对分子质量(郑411区块油样)

| 组分 | 胶质 | 沥青质 |
|------|------|--------|
| 稠油 | 1 370 | 4 160 |
| 稠油＋柴油 | 1 360 | 4 150 |
| 稠油＋蒸汽 | 1 370 | 4 150 |
| 稠油＋二氧化碳 | 1 380 | 4 140 |
| 稠油＋二氧化碳＋蒸汽 | 1 360 | 4 140 |
| 稠油＋降粘剂 | 1 250 | 3 510 |
| 稠油＋二氧化碳＋降粘剂＋蒸汽 | 1 210 | 3 200 |

由表4-1、表4-2可以看出:

☆ 单独加入柴油时,稠油粘度降低,但稠油四组分含量和胶质沥青质相对分子质量基本不变,这说明柴油起到了稀释剂的作用,而不是通过改变稠油组分含量和结构来影响稠油的粘度。

☆ 单独加入降粘剂时,稠油粘度降低,稠油胶质沥青质含量减少,沥青质相对分子质量降低,说明降粘剂的加入能明显地影响稠油沥青质的结构,它通过影响稠油组分性质而起到降粘作用。

☆ 同时加入二氧化碳、蒸汽和降粘剂时,稠油粘度降低最为明显,胶质沥青质含量和沥青质相对分子质量降低最大,这是由于超临界二氧化碳、蒸汽的搅动,温度上升促进了油溶性复合降粘剂自身的解聚能力,提高了降粘效果。在温度下降后,由于解聚的不可逆,胶质、沥青质含量和相对分子质量仍然保持在低水平上。

② 超临界二氧化碳与SLKF系列复合降粘剂的协同降粘效果

表4-3和图4-2为降粘剂的降粘效果与降粘剂和二氧化碳协同作用降粘效果对比,实验温度为70 ℃,压力13 MPa,实验样品为含水20％的郑411区块超稠油油水混合物,粘度27 594 mPa·s,在二氧化碳溶解气油比50 sm³/m³条件下,降粘剂浓度分别为0.5％、1％、1.5％、2％。

数据表明,在压力13 MPa、温度70 ℃下,含水20％的超稠油中单独加入0.5％的降粘剂,粘度由27 594 mPa·s快速降低到6 950 mPa·s,降粘率74.81％;加入浓度1.0％的降粘剂,粘度降到2 213 mPa·s,降粘率达91.98％。继续增加降粘剂浓度,降粘幅度变缓。

表4-3 不同降粘剂浓度条件下的复合降粘效果

| 降粘剂浓度 /% | 不加二氧化碳 的原油粘度 /(mPa·s) | 油溶性降粘剂 的降粘率 /% | 加入二氧化碳 后的原油粘度 /(mPa·s) | 二氧化碳降粘率 /% | 综合降粘率 /% |
|---|---|---|---|---|---|
| 0 | 27 594 | | | | |
| 0.5 | 6 950 | 74.81 | 3 500 | 49.64 | 87.32 |
| 1.0 | 2 213 | 91.98 | 975 | 55.94 | 96.47 |
| 1.5 | 1 582 | 94.27 | 436 | 72.44 | 98.42 |
| 2.0 | 1 217 | 95.59 | 210 | 82.74 | 99.24 |

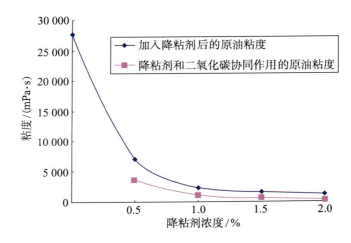

图4-2 不同降粘剂浓度条件下的复合降粘效果曲线(气油比 50 sm³/m³)

当加入浓度 1.0% 的降粘剂后,按照气油比 50 sm³/m³ 混合二氧化碳,超稠油粘度由 2 213 mPa·s 又快速降低到 975 mPa·s,降粘剂和二氧化碳的复合降粘率达到 96%,DC 协同降粘效果明显。继续增加降粘剂浓度,DC 协同降粘率上升幅度变缓。

实验结果表明,油溶性复合降粘剂和二氧化碳的协同降粘效果明显。在降粘剂浓度 1.0%、二氧化碳溶解气油比 50 sm³/m³ 的条件下,含水 20% 的超稠油粘度降为 975 mPa·s,DC 协同降粘率 96%。

(2) SLKF 系列油溶性降粘剂对超临界二氧化碳性质的影响

超临界二氧化碳的主要性质及其对超稠油的作用研究在第三章已有详细的介绍,超临界二氧化碳具有良好的溶解性和传质特性对超稠油开采作用明显。影响超临界二氧化碳溶解及萃取的因素有夹带剂、压力、溶质相对分子质量或粒度、体积比等。为提高 HDCS 强化采油技术应用效果,在 SLKF 系列降粘剂研发过程中针对超临界二氧化碳溶解和传质特性进行了配方优化。

降粘剂活性成分可以使超临界二氧化碳溶解及萃取能力呈级数增加,对温度的敏感性增加,并使其粘度下降、表面张力下降,提高了其降粘效果和扩散能力。同时,可以消除因二氧化碳破坏稠油胶体体系造成的重质沉淀危害。

综合来看,先期注入油溶性复合降粘剂和二氧化碳,降粘剂的降粘作用与二氧化碳的降粘作用相辅相成,大幅度降低超稠油粘度,现场应用效果表明油溶性降粘剂和二氧化碳协同作用可以大幅度降低注汽启动压力和注汽压力。从统计的情况看,当仅采用 HS 注汽时,注汽启动压力高达 20 MPa,干度低或无干度,注汽过程中甚至出现因压力高被迫降至最低排量并降低温度的注热水状态,而采用 HDCS 技术后,启动压力一般在 15~17 MPa,注汽压力保持在 18~19 MPa 左右,干度 70% 以上。回采过程中由于 SLKF 降粘剂良好的解聚作用,有效消除了二氧化碳萃取过程中的重组分残留。

## ⊙ 4.1.2 CS 协同作用

二氧化碳(C)与蒸汽(S)间的协同作用是 HDCS 强化热采技术的关键部分,其协同作用体现在三个方面:协同降粘、热量传递和动量传递。

(1) 协同降粘作用

表 4-4、图 4-3 为加热降粘与二氧化碳和加热协同降粘的效果对比,实验压力13 MPa,溶解气油比 50 sm³/m³,油样为郑 411 区块超稠油。

### 表 4-4　CS 协同降粘率对比

| 温度/℃ | 脱气油粘度/(mPa·s) | 加热降粘率/% | 含二氧化碳原油粘度/(mPa·s) | 二氧化碳降粘率/% | 综合降粘率/% |
| --- | --- | --- | --- | --- | --- |
| 50 | 252 000 | | 3 945 | 98.43 | 98.43 |
| 60 | 55 279 | 78.06 | 1 279 | 97.69 | 99.49 |
| 70 | 15 889 | 93.69 | 504 | 96.83 | 99.8 |
| 80 | 6 167 | 97.55 | 242 | 96.08 | 99.9 |
| 90 | 2 470 | 99.02 | 118 | 95.22 | 99.95 |
| 100 | 1 259 | 99.5 | 78 | 93.80 | 99.97 |
| 110 | 713 | 99.72 | 51 | 92.85 | 99.98 |
| 120 | 439 | 99.83 | 37 | 91.57 | 99.99 |

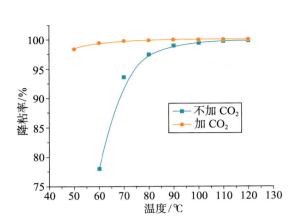

图 4-3 加热—CS 降粘率关系曲线

表 4-4 数据显示,50 ℃脱气原油粘度 $25.2 \times 10^4$ mPa·s,溶解二氧化碳后,粘度降为 3 945 mPa·s,二氧化碳降粘率为 98.43%;80 ℃原油粘度 6 167 mPa·s,加热降粘率为 97.55%,溶解二氧化碳后,粘度降低至 242 mPa·s,二氧化碳降粘率为 96.08%,综合降粘率达到 99.90%;当温度升高到 120 ℃,加热降粘率达到 99.83%,溶解二氧化碳后的降粘率为 91.57%。以上实验说明,随温度升高,热力降粘效果显著增加,二氧化碳自身的降粘效果略有下降,但仍达到 90%以上,二者同时作用,在 120 ℃下已使原油粘度小于 50 mPa·s,原油流动性大幅度提高。

图 4-3 曲线表明,超稠油溶解二氧化碳后的油气混合物粘度,由于二氧化碳溶解降粘作用而迅速下降。当温度逐步升高,加热与二氧化碳溶解作用共同降粘,共同降粘效果与温度在半对数坐标图上呈线性关系,当温度超过100 ℃时,原油的降粘效果因加热而非常明显,此时的降粘作用以加热降粘为主。

（2）热量及动量传递

由于超临界二氧化碳在超稠油中的溶解度对温度及压力的变化极为敏感,因此在从油藏条件向注汽条件转化时,根据数值模拟计算,近井地带超临界二氧化碳在原油中的溶解度可下降 60%～80%,析出的二氧化碳膨胀吸热并携带热量、萃取的轻组分快速向远端扩散,形成了复杂的热量、动量的转换,这一部分内容将在技术机理中重点介绍。

## ⊙ 4.1.3　H 对 DCS 的协同作用

DCS 在水平井上能够发挥更大的协同作用,现场实践表明,水平井可以最大幅度地利用油藏的厚度和提高 DCS 各元素的利用效率。

（1）水平井为 DCS 的协同作用提供更为便利的混合作用条件

① 水平井与直井相比较,直井的井底流动速度快,驱替作用明显,不利于

油溶性复合降粘剂、二氧化碳、蒸汽与原油的充分混合。水平井的拟线性流动比径向流动更有利于不同介质在地层充分混合和动热量的传递,可提高各组分的贡献率。

② 水平井实现了油藏接触面积和控制程度的大幅度提高,这使得油溶性复合降粘剂、二氧化碳、蒸汽能够在较小的渗流半径下与更多的原油进行作用,提高了油溶性复合降粘剂和二氧化碳的均匀程度,同时还可实现超临界二氧化碳传质作用效果最大化。

(2) 水平井可有效地保持和利用能量,同时避免直井超覆造成的损失

通过利用重力泄油和分离机理,在加拿大等国家 SAGD 技术(蒸汽辅助重力泄油)已得到大规模的应用,当油层较薄时,SAGD 技术的应用受到限制,但在 HDCS 强化采油技术中,其作用十分明显,主要表现在以下几个方面:

① 利用水平井可使蒸汽、二氧化碳、稠油间的重力差异充分利用,形成纵向的对流,提高换热效率。

② 利用水平井开采,超覆的混合汽既可实现一定程度的隔热作用,还能作为一种能量保留下来,为后期开采提供驱替动力。

③ 蒸汽超覆作用使热量更多地处于油层中上部,采用水平井开采能够避免直井开采过程中,上部高温流体被快速采出造成的能量浪费。

④ 由于超临界二氧化碳密度较低,采用水平井还能有效地保持二氧化碳不会被先期快速产出,提高 HDCS 混合作用时间,提高开发效果。

# 4.2 HDCS强化采油技术机理研究

## ⊙ 4.2.1 滚动接替降粘机理

对于超稠油热力开发,降低注汽压力不仅使蒸汽具有更大的潜热,而且使蒸汽在井底具有更高的干度,从而大幅度扩大热波及范围。因此,井底的有效降粘对特超稠油开发具有极为重要的意义。HDCS 强化采油技术可在地下形成热力降粘区、饱和二氧化碳降粘区和不饱和二氧化碳降粘区三个不断滚动前移的降粘区域,是该技术实现超稠油注汽压力大幅度下降的重要原因。

(1) 预处理的油溶性复合降粘剂与超临界二氧化碳使近井地带原油粘度大幅度降低。在注汽开始后,地下原油与蒸汽的热交换使原油温度迅速上升,近井地带原油的降粘作用为热降粘、饱和超临界二氧化碳溶解降粘及油溶性降粘剂降粘的综合作用,根据试验分析,当温度达到 120 ℃时,超稠油粘度不足 50 mPa·s,随着温度的继续升高,热力降粘效果增强,超临界二氧化碳溶

解度下降,效果减弱,油溶性复合降粘剂在二氧化碳的萃取、携带作用下迅速外推。这一区域的主要降粘作用为热力降粘,油溶性复合降粘剂与二氧化碳溶解降粘为辅,原油粘度小于 50 mPa·s,我们称这一区域为热力降粘区。

(2)油藏温度迅速上升,导致超临界二氧化碳在原油中的溶解度迅速下降,根据油藏数值模拟计算,下降幅度可达 60%~80%,析出的超临界二氧化碳利用其大于液体 100 倍的扩散能力,比蒸汽冷凝水以更快的速度穿过超临界二氧化碳饱和区向外扩散,不断扩大饱和区范围。在这一区域内,超临界二氧化碳一直处于溶解饱和状态,温度明显下降,油溶性降粘剂浓度较高,三者综合作用形成饱和二氧化碳与复合油溶性降粘剂协同降粘为主、温度降粘为辅的低粘区,该区域原油粘度小于 100 mPa·s,原油流动性强,我们称这一区域为饱和二氧化碳及油溶性复合降粘剂协同降粘区。

(3)在饱和超临界二氧化碳区不断推进的同时,由于蒸汽注入的连续性,大量超临界二氧化碳自饱和区向不饱和区扩散,其扩散途径有 2 个,一是饱和区向不饱和区的自然扩散,二是受热析出的超临界二氧化碳穿越饱和区进入不饱和区。在这一区域内,油溶性复合降粘剂浓度较低,温度自近向远接近地层原始温度,超临界二氧化碳溶解度由近向远逐渐降低。该区域原油粘度由近向远逐渐增加,但由于超临界二氧化碳和油溶性降粘剂作用不会产生乳化高粘带,原油流动性逐渐下降,我们称这一区域为不饱和二氧化碳降粘区,这一区域处于蒸汽前缘区远端,可在很大程度上减少蒸汽向前推动的阻力,降低蒸汽注入压力。

随着蒸汽的注入,三个区域同时向外迅速扩散,实现了热力降粘、超临界二氧化碳与油溶性复合降粘剂协同降粘的滚动接替,使蒸汽前缘带一直处于低粘度区域,原油保持了较高的流动性,有效地降低了注汽压力,提高了蒸汽波及范围。HDCS 技术与其他热采方式的对比如图 4-4、图 4-5 所示。

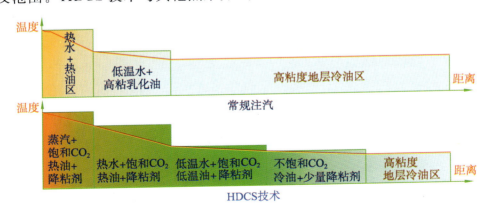

图 4-4　超稠油常规热采与 HDCS 技术注汽剖面及温度分布示意图

93

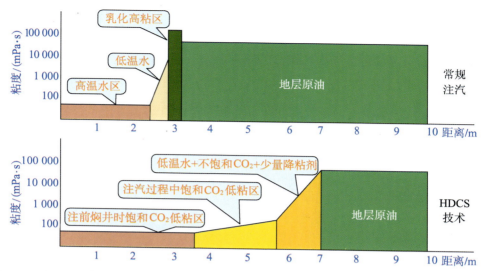

图 4-5  超稠油常规注汽方式与 HDCS 方式注汽结束前地层原油粘度分布对照图

## ⊙ 4.2.2  热量、动量传递机理

注汽过程中,近井地带超临界二氧化碳在超稠油中的溶解度下降 $60\%\sim80\%$。析出的超临界二氧化碳携带着热量以远高于蒸汽扩散的速度穿过饱和超临界二氧化碳区向远端扩散,并将大部分热量传递给远端的原油,大大提高了蒸汽热传递效率。

（1）热量传递

注蒸汽时,近井地带从油藏条件下快速过渡到注汽条件,超临界二氧化碳溶解度大幅度下降,随着高温温度场的不断扩大,这一过程不断滚动推进,超临界二氧化碳不断携带热量运移。

① 超临界二氧化碳相关热量计算

实测资料显示,注蒸汽前地层内注入的二氧化碳温度、压力均接近油藏原始地层条件,已达到超临界状态,其蒸发热为零,考虑到超临界流体体积做功数值较小,忽略不计,因此二氧化碳吸收和传递的总热量为超临界流体升温所需热量。超临界二氧化碳的比热容受温度压力影响较大,从二氧化碳比热容图版查得[3,4]:20 MPa、300 ℃下二氧化碳比热容为55.381 kJ/(kmol·℃),13 MPa、70 ℃下二氧化碳比热容为 102.51 kJ/(kmol·℃)。为简化计算,对溢出部分采用直线积分,得到超临界二氧化碳携带并释放给远端原油的热量为:

$$Q_{吸热}=20\ 243\ kJ/kmol=460\ kJ/kg$$

地面 70％ 干度水蒸气释放给地层及流体的总热量大约 2 000 kJ/kg,因此可以看到,二氧化碳可以携带和传递的热量是不可忽视的。在 HDCS 强化热采技术中,超临界二氧化碳的热量传递是一个交替前进的过程,即当超临界二氧化碳放热重新溶解于原油后,随着蒸汽的不断注入,高温区域的不断扩大,还会继续析出、外推、放热,这一作用在整个注汽过程中交替前移,大大提高了蒸汽热效率。

② 超临界二氧化碳传递热量的特点

在 HDCS 强化热采技术中,超临界二氧化碳传递热量与常规注汽热量传递相比有以下几个特点:

☆ 热传导。超临界二氧化碳吸热后扩散速度快,其温度与临近地层流体存在温度差异,会发生一定的热传导过程,因其良好的传质性能,使传热速度和效率远高于常规蒸汽。

☆ 热对流。在超临界二氧化碳快速扩散的同时,由于超临界二氧化碳与原油、蒸汽的密度差异造成重力分异,形成垂向热对流,提高了换热效率,进一步提高了蒸汽的热利用率。在超临界二氧化碳吸热膨胀过程中,对外界做功积蓄能量,当其再溶解于前端的原油中,体积收缩,会释放热量出来,提高远端的原油温度。

☆ 超临界二氧化碳及部分携带的轻组分在油层较薄时由于重力分异作用会在油层顶部富集,形成混合气隔热带,因混合气的导热系数远小于地层泥岩的导热系数,蒸汽热量更多作用于油层,热损失会降低。

☆ 由于超临界二氧化碳能够提高传热效率,避免了热量在近井地带的富集,降低了温差,可以降低热量的散失速度,提高蒸汽热能的综合利用率。

（2）动量传递

超临界二氧化碳溶解于原油中,形成了以超临界二氧化碳与萃取轻质组分为连续相、重质组分为分散相的流体状态,此时原油粘度大幅度下降。当温度升高时,超临界二氧化碳溶解度降低,大量二氧化碳析出、膨胀和扩散,由于超临界流体具有接近气体的粘度和特性,存在类似气体渗流的特征,此时可将超临界二氧化碳渗流近似为气体在多孔介质中的渗流。随着"气泡"在孔隙中的溶解及扩散运移,会带动周边原油及降粘剂向远处运移,从而实现了动量传递,如图 4-6 所示。二氧化碳这种动量传递作用进一步增强了降粘剂的降粘效果。

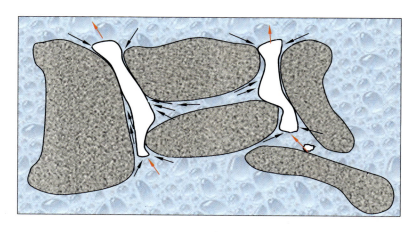

图 4-6    二氧化碳气泡对原油以及降粘剂分子的动量传递示意图

### ⊙ 4.2.3    增能助排机理

超稠油开采中如何提高回采能力也是一项重要内容,特别是经过开井初期,温度逐渐降低后,如何尽可能多地采出原油是提高经济收益的重要保障。HDCS 强化采油技术增能助排机理能够大幅度提高超稠油有效开采时间,提高油汽比。

（1）超覆的超临界二氧化碳及其萃取部分在油层顶部富集,形成了隔热带,降低了蒸汽热损失,同时在回采期间可以提供驱替动力和溶解降粘。这一机理对薄层特超稠油油藏热采有着重要意义。

（2）超临界二氧化碳溶于原油使原油体积膨胀 $10\% \sim 30\%$,为原油流动提供驱替动力的同时,可将束缚在地层孔隙中的非流动原油挤出孔隙,提高采收率。

（3）当温度下降速度减缓,压力持续下降时,溶解的超临界二氧化碳析出形成类泡沫油体系,在超稠油外部形成连续相,产生滑动效应,消除了稠油与孔喉间的粘滞力,大大减低了流动摩阻。

# *4.3* HDCS强化采油技术阶段特征

### ⊙ 4.3.1    注降粘剂和二氧化碳阶段及焖井阶段

（1）注降粘剂和二氧化碳阶段及焖井阶段驱替特征

以水平段 200 m 水平井 HDCS 强化采油过程为例,首先以 $20 \sim 30$ m³/h

的速度挤入50 t降粘剂。由于挤入速度较快,加之其在井下的波及半径小,所以此过程以驱替为主,50 t降粘剂的驱替半径大于0.6 m,挤入完毕,近井地带区域内为降粘剂加少量地层油。此后以15～20 t/h的速度连续挤入200 t液态二氧化碳。此过程仍以驱替为主,二氧化碳挤入完毕后,经模拟计算,此时的驱替半径大于1.5 m。该区域内主要为液态、超临界状态二氧化碳和降粘剂及少量地层原油,参见图4-7。

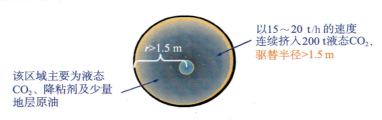

图4-7　超稠油 HDCS 注二氧化碳过程驱替特征示意图

焖井期间,地层温度逐步回升,约48 h回升至接近地层温度(65～70 ℃左右)。当地层温度回升至31 ℃时,二氧化碳全部转为超临界状态。二氧化碳快速膨胀并携带降粘剂向外扩散,约3～5 d后趋于平衡。此时,饱和二氧化碳半径大于3.5 m,在此条件下二氧化碳与降粘剂的协同降粘率大于99.9%,所以,近井地带的地层原油粘度小于500 mPa·s,参见图4-8。

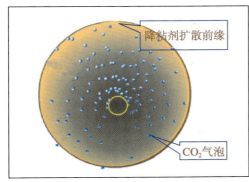
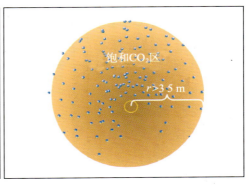

(a) 注汽前焖井初期　　　　　　　　(b) 注汽前焖井末期

图4-8　注汽前焖井过程驱替特征示意图

(2)注降粘剂和二氧化碳阶段现场测试及分析

为进一步了解水平井注入二氧化碳的井筒状况,采用存储式高温双参数测试仪配合连续杆施工,首次获取了水平井在注液态$CO_2$时的油层压力、温度变化过程。

① 基本数据(见表 4-5)

表 4-5 郑 411-平 59 井基本数据

| 油井基本数据 | | | | | |
| --- | --- | --- | --- | --- | --- |
| 完钻井深 | 1 728.0 m | 套管直径 | 177.8 mm | 套管壁厚 | 9.19 mm |
| 套管深度 | 1 492.74 m | 筛管下深 | 1 709.05 m | 水泥返高 | 地面 |
| 人工井底 | 1 719.57 m | 联入 | 4.83 m | 补心高 | 5.15 m |
| 油层数据 | | | | | |
| 层位 | 油层井段/m | 层厚/m | 生产井段/m | 生产厚度/m | 备注 |
| 沙三上 | 1 502.74~1 709.05 | 206.31 | 1 502.74~1 709.05 | 206.31 | 裸眼筛管完井 |

② 测试方法及器材

测试仪器组合下井采用连续杆推送方式。杆柱前端采用 7/8″普通抽油杆配接测试工具,按测量井段要求布置测试仪器,形成测试仪器组合,后端与连续杆连接,将仪器组合推送至水平测量井段。

采用存储式高温双参数测试仪,技术指标为:

耐压范围:0~40 MPa

耐温范围:−30~+400 ℃

压力测量精度:0.1%

温度测量精度:±1 ℃

外形尺寸:$\phi$48×1 800 mm

第一支仪器下入深度:1 702 m

第二支仪器下入深度:1 635 m

第三支仪器下入深度:1 570 m

第四支仪器下入深度:1 507 m

③ 挤注程序

| | | |
| --- | --- | --- |
| 2008 年 9 月 8 日 | 15:40 注降粘剂 | 18:00 停注降粘剂 |
| 2008 年 9 月 9 日 | 9:20 注二氧化碳 | 泵注参数泵压:3~5 MPa |
| | | 排量:10~12 m³/h |
| | 19:35 停注二氧化碳 | |
| 2008 年 9 月 10 日 | 12:10 注二氧化碳 | 18:30 停注二氧化碳 |
| 2008 年 9 月 10~13 日 | 焖井 | |
| 2008 年 9 月 13 日 | 17:00 井口放压 | |
| 2008 年 9 月 14 日 | 3:30 停止记录数据 | |

④ 测试结果及分析(如图 4-9)

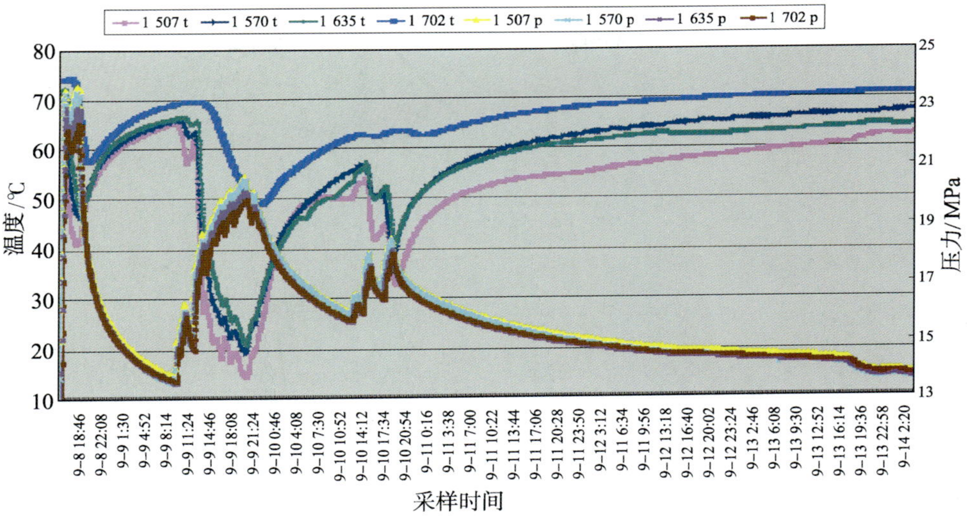

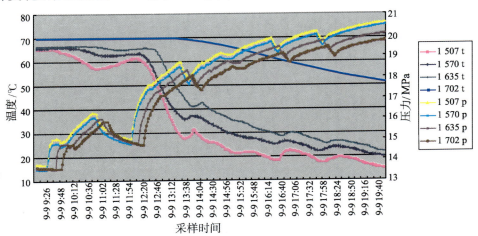

图 4-9　实测注降粘剂和二氧化碳及焖井期间温度、压力变化曲线

根据实测结果,我们重点分析了二氧化碳注入过程中的相态、表面张力、粘度、自扩散系数等的变化。

2008 年 9 月 9 日 9:20 开始注入二氧化碳,泵压 3～5 MPa,排量 10～12 m³/h;19:35 停注二氧化碳,二氧化碳车出口温度－14 ℃,2008 年 9 月 10 日 12:10 继续注入二氧化碳,由于施工没有连续进行,因此重点分析了第一次注入二氧化碳及停注焖井至第二次注入二氧化碳阶段的温度、压力及流体性质的变化,结果如图 4-10、图 4-11 所示。

图 4-10　第一阶段二氧化碳注入温度、压力变化曲线

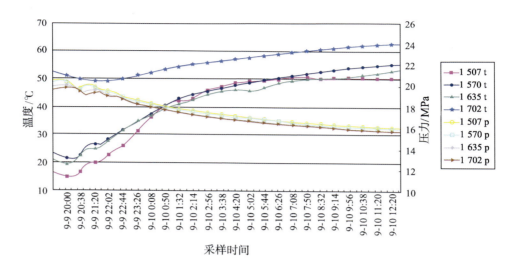

图 4-11　第一阶段二氧化碳注入结束至二次注入间温度、压力变化曲线

从施工曲线看,由于施工过程中出现多次停泵等待,致使温度及压力曲线存在多个拐点,特别是 9 月 20 日上午 10 点半至 12 点间停泵长达一个半小时,造成明显的温度回升和压力下降情况,因此,重点根据各测试点的相态变化进行了相关参数的分析,如图 4-12、图 4-13、图 4-14、图 4-15 所示。

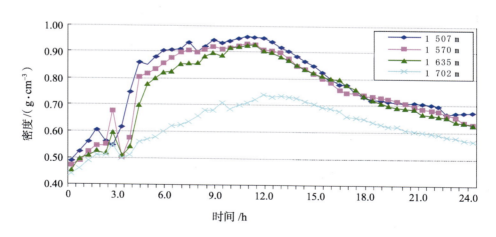

图 4-12　注入二氧化碳第一阶段分点密度变化图

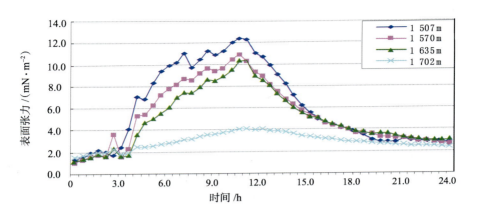

图 4-13　注入二氧化碳第一阶段分点表面张力变化图

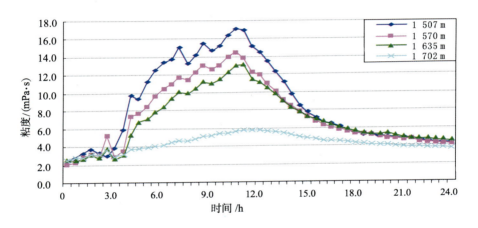

图 4-14　注入二氧化碳第一阶段分点粘度变化图

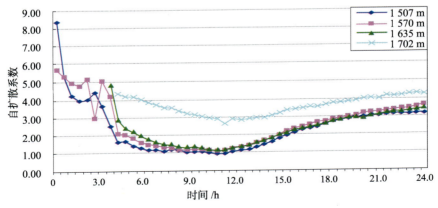

图 4-15　注入二氧化碳第一阶段分点自扩散系数变化图

根据以上温度、压力、二氧化碳密度、粘度、表面张力、自扩散系数的计算，可将整个阶段分为三个部分：

**初期超临界注入过程** 这一阶段从注入二氧化碳抵达 1 507 m 开始，施工时间 238 min，二氧化碳入井量为 28 t。这一阶段二氧化碳抵达井底均处于超临界状态，密度低、粘度低、表面张力低，自扩散系数高。这一阶段存在较长的停注时间，所以如果连续注入，这一阶段时长会小于 100 min。

**逐步液化过程** 这一过程中，自 1 507 m 点开始，1 570 m 及 1 635 m 点温度逐渐下降，依次转化为液态，而 1 702 m 始终处于超临界状态。

当时间达到 238 min 时，1 507 m 处开始液化，而 1 570 m、1 635 m、1 702 m 处二氧化碳仍处在超临界状态，此时前面三个测试点温度都出现明显下降，而 1 702 m 温度为 69.425 ℃，下降幅度小，见表 4-6。分析认为，二氧化碳前缘未完全达到该点，吸入量小，此前二氧化碳主要被前半段吸收。

表 4-6　1 507 m 处液化时各测试点参数对比

| 参数　　测试点 | 1 507 m | 1 570 m | 1 635 m | 1 702 m |
|---|---|---|---|---|
| 温度/℃ | 31.018 | 38.661 | 48.963 | 69.425 |
| 温度变化/℃ | 33.150 | 25.961 | 16.360 | 0.021 |
| 压力/MPa | 18.606 | 18.385 | 17.966 | 17.535 |
| 相态 | 液 | 超临界 | | |
| 密度/(g·cm$^{-3}$) | 0.87 | 0.82 | 0.74 | 0.56 |
| 表面张力/(mN·m$^{-2}$) | 7.20 | 5.35 | 3.70 | 1.90 |
| 粘度/(mPa·s) | 9.60 | 7.45 | 5.50 | 3.30 |
| 自扩散系数 | 1.58 | 2.10 | 2.80 | 4.70 |

温度变化率从一定程度上代表了油层吸入二氧化碳的量，在本阶段的温度变化情况：自 1 507 m 至 1 702 m 温差逐渐降低，其中前两点温度变化最为剧烈，也说明了主要吸收段在 1 507～1 570 m 处。

随着二氧化碳的继续注入，当时间到达 323 min 时，1 570 m 处温度降至临界温度以下，转入液态，此前二氧化碳注入量达到 44 t，这一阶段 1 507 m 处处于液态、粘度高、自扩散系数大幅度下降，1 570 m 处和 1 635 m 处自扩散系数远大于 1 507 m，而 1 702 m 处温度下降仍不明显，因此判断本阶段二氧化碳主要进入区域为水平段中部，1 507 m 和 1 702 m 处均有一定的吸收量，但

1 507 m 处粘度高,扩散系数小,而 1 702 m 处达到量较少。从表4-7中温度变化来看也说明了这一点。

表4-7　1 570 m 处液化时各测试点参数对比

| 参数 ＼ 测试点 | 1 507 m | 1 570 m | 1 635 m | 1 702 m |
|---|---|---|---|---|
| 温度/℃ | 24.605 | 31.182 | 37.446 | 67.009 |
| 温度变化/℃ | 6.413 | 7.479 | 11.517 | 2.416 |
| 压力/MPa | 19.094 | 18.871 | 18.548 | 18.155 |
| 相态 | 液态 | | 超临界 | |
| 密度/(g·cm⁻³) | 0.90 | 0.86 | 0.83 | 0.60 |
| 表面张力/(mN·m⁻²) | 10.60 | 7.10 | 5.40 | 2.30 |
| 粘度/(mPa·s) | 12.20 | 9.50 | 7.80 | 3.60 |
| 自扩散系数 | 1.12 | 1.55 | 2.00 | 4.40 |

当时间达到 394 min 时,二氧化碳注入量达到 68 t,这一阶段末,1 635 m 处二氧化碳进入液态,在此阶段,主要吸收段继续后移,为 1 635 m 前后位置。该阶段 1 507 m、1 570 m 处粘度持续上升,表面张力上升,扩散能力下降,吸收量不断下降,而 1 635 m 处前后成为主要吸收段,1 702 m 处吸收量有所增加,温度下降幅度增大,见表4-8。从温度变化来看,主要表现为后端温降增加,前段和中段温降变缓,整个井段温差变化较小,中后段为主要吸收部分。

表4-8　1 635 m 处液化时各测试点参数对比

| 参数 ＼ 测试点 | 1 507 m | 1 570 m | 1 635 m | 1 702 m |
|---|---|---|---|---|
| 温度/℃ | 20.864 | 26.959 | 31.175 | 62.818 |
| 温度变化/℃ | 3.741 | 4.223 | 6.271 | 4.191 |
| 压力/MPa | 19.676 | 19.483 | 19.141 | 18.769 |
| 相态 | 液态 | | | 超临界 |
| 密度/(g·cm⁻³) | 0.93 | 0.90 | 0.87 | 0.62 |
| 表面张力/(mN·m⁻²) | 8.90 | 8.00 | 7.15 | 2.60 |
| 粘度/(mPa·s) | 12.00 | 10.80 | 9.80 | 4.00 |
| 自扩散系数 | 0.70 | 1.20 | 1.55 | 3.80 |

当时间达到 615 min 时,第一阶段二氧化碳注入完毕,总共注入二氧化碳 110 t,阶段注入量 42 t,这一阶段 1 507 m、1 570 m、1 635 m 处的温度不断下降,压力升高,粘度升高,扩散能力下降,吸收量不断降低,而 1 702 m 处温度下降明显,扩散系数为前面三个测试点的 3～5 倍,成为主要的吸收区域,见表 4-9。从各点温度变化来看,1 702 m 处温度下降明显高于前面三点,而 1 507 m、1 570 m、1 635 m 三点的温度变化率依次增加,说明吸收量自水平井根部向趾部逐渐增大,后半段为主要的吸收区域。

表 4-9  第一阶段停注时各测试点参数对比

| 参数 \ 测试点 | 1 507 m | 1 570 m | 1 635 m | 1 702 m |
|---|---|---|---|---|
| 温度/℃ | 15.622 | 20.166 | 22.321 | 51.789 |
| 温度变化/℃ | 5.242 | 6.793 | 8.854 | 11.029 |
| 压力/MPa | 20.539 | 20.426 | 20.009 | 19.682 |
| 相态 | 液态 | | | 超临界 |
| 密度/(g·cm⁻³) | 0.95 | 0.93 | 0.91 | 0.75 |
| 表面张力/(mN·m⁻²) | 19.00 | 14.00 | 11.00 | 4.00 |
| 粘度/(mPa·s) | 21.00 | 15.60 | 13.60 | 5.90 |
| 自扩散系数 | 0.60 | 0.90 | 1.05 | 2.75 |

**两次注入二氧化碳间的焖井阶段**  从焖井阶段的温度压力曲线可以看出,当注入停止后,1 507 m、1 570 m、1 635 m 三个测试点很快开始出现温度回升的现象,而 1 702 m 处出现了明显的滞后,这是由于前端二氧化碳随温度上升膨胀继续向尾端运移,由尾端吸收所致,与前面的分析相符,后段的主要吸收部位为 1 635～1 702 m。之后温度快速回升,17 h 之内温度回升达到 80%。

⑤ 分析结论

本次重点分析郑 411-平 59 井前 110 t 二氧化碳注入井筒的相态及参数变化规律,通过分析认为:

☆ 二氧化碳注入过程中井底不会出现零下温度,不会在油层内形成冰堵条件。

☆ 注入过程中主要的吸收区域由水平井根部向趾部移动,随着注入量的增加,趾部吸收量增加幅度最大。可以认为,在连续注入条件下,当注入二氧化碳量足够大时,趾部吸收量远大于根部和中部的吸收量,有助于水平井趾部储量的动用,可提高水平井均匀动用程度。

☆ 注入过程中出现的间断可能对水平段吸入区域产生很大影响,连续注入二氧化碳效果应好于间断注入。

☆ 焖井期间温度回升较快,有利于超临界二氧化碳的扩散,但焖井时间不宜过长,否则不利于 HDCS 强化采油技术对二氧化碳热量、动量传递特性的利用。

## ⊙ 4.3.2　注汽阶段

开始注汽时,由于井筒附近至少 3.5 m 范围内为低粘区,所以确保了较低的注汽启动压力。结合胜利油区郑 411 区块常规蒸汽吞吐与 HDCS 的现场实施情况看,HDCS 注汽初保持较低的注汽压力(一般在 13～17 MPa,平均在 15 MPa左右)。注汽过程中由于二氧化碳与降粘剂、蒸汽的协同作用,使得超稠油的注汽压力始终保持在 18～19 MPa 的范围内,注汽干度始终保持在 72% 左右。而常规蒸汽吞吐由于没有采取相应措施,注汽初期的压力即达 19.5 MPa,此后压力持续上升,为确保注汽量,不得不降低干度和注汽速度,致使 HS 开采方式注汽过程一直处于低速度、无干度的状态,参见图 4-16。

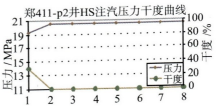
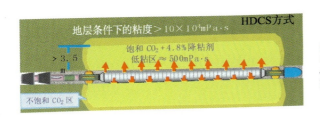
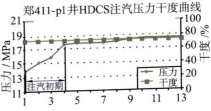

图 4-16　超稠油 HS 方式与 HDCS 方式注汽井底粘度分布与现场注汽情况对照

注汽过程中,随着地层温度的提高,二氧化碳的溶解度急剧下降。由于 3.5 m 范围内为二氧化碳饱和区,所以,析出的二氧化碳快速穿过饱和二氧化碳区域,达到 3.5 m 之外。在二氧化碳扩散导致热波及前缘降粘的同时,其携带的热量使得前缘带原油温度上升,随着注汽的持续,热波及范围逐步扩大,热降粘与二氧化碳＋降粘剂的协同降粘形成接替,而二氧化碳＋降粘剂的协同降粘在热波及范围之外的作用,又为进一步扩大热波及范围创造了条件,从而形成了高温蒸汽区→高温热水区→低温水＋饱和二氧化碳＋少量降粘剂低粘区→不饱和二氧化碳区的依次递进,确保了注汽过程的高干度、高速度。二氧化碳在向外扩散的同时,也在井筒上方的油层顶部聚集,形成气顶,如图4-17所示。由于二氧化碳的热传导系数远低于泥岩,所以,起到了良好的隔热作用,降低了热损耗。

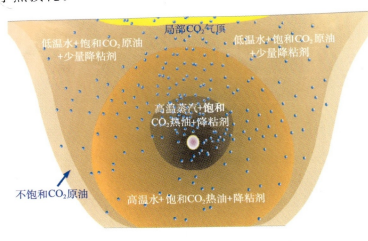

图 4-17　注蒸汽过程驱替特征示意图

### ⊙ 4.3.3　焖井阶段

焖井期间,在温差作用下,蒸汽、二氧化碳、油溶性复合降粘剂和原油之间的传质作用使蒸汽的热量得到更进一步的交换,加热带边缘的热量及温度快速推进,并逐步趋于平衡,形成较高温度、较高压力的低粘度区,如图4-18所示。

图 4-18　注汽后焖井过程驱替特征示意图

## ⊙ 4.3.4　回采阶段

回采过程中,由于低粘区范围较常规吞吐大幅度增加,加之二氧化碳受压力变化的影响,初期为气顶驱动,随着压力的降低,气顶部分的超临界二氧化碳与轻组分混合体系又逐渐溶解于原油中,不仅增加了原油向井筒流动的能力,而且能依靠二氧化碳体积膨胀,驱替微小孔隙中的原油并被采出,提高采出程度和产油量。

由于水平井能减少因蒸汽超覆而带来的蒸汽被采出、热量损失的影响,地层温度和压力下降缓慢,油井周期生产时间延长。溶解二氧化碳后具有弱酸性的地层水和冷凝水,能溶蚀粘土和孔隙填隙物,改善孔隙渗透性,提高回采水率。同时,二氧化碳的增能气驱作用,也大大降低了举升工艺的配套难度。

回采阶段,水平井表现出的生产特征是周期生产时间长、周期产油量高、油汽比高,初期含水高、回采水率高。

# *4.4* HDCS强化采油技术模型

在以上驱替特征分析的基础上,建立了超稠油油藏 HDCS 注入、回采阶段的模型。

## ⊙ 4.4.1　注汽阶段模型

如图 4-19 所示,注入过程中,地层可划分为五个区带:

蒸汽区 A 　由于油层埋藏深,井底蒸汽注入干度低,所以该区域面积较小,但温度达 300 ℃以上。该区域以蒸汽、饱和二氧化碳热油和降粘剂为主,粘度极低。

高温水区 B 　该区域以热水、饱和二氧化碳热油和降粘剂为主。由于距井筒较近,热传递较充分,因此高温水区温度达 100 ℃以上,同时由于二氧化碳和降粘剂含量高,协同降粘作用强,平均降粘率达 99％以上。

饱和二氧化碳低温水区 C 　该区域主要为低温水、饱和二氧化碳低温油和降粘剂。虽然地层温度逐步降低,但由于二氧化碳的传质作用较强,使该区域的二氧化碳仍达饱和状态,原油粘度较低。

**不饱和二氧化碳区 D** 该区域主要为不饱和二氧化碳冷油和少量降粘剂。由于二氧化碳和降粘剂浓度低，地层温度趋于原始温度，该区粘度逐步增大。

**原始冷油区 E** 该区域由于距井筒较远，所以未受到降粘剂、二氧化碳和注入蒸汽的影响，原油温度和粘度保持在原始状态。

图 4-19  HDCS 注入模型示意图

## ⊙ 4.4.2 回采阶段模型

如图 4-20 所示，回采过程中，地层可划分为三个区带：

**原油渗流区 A** 回采时，近井地带的高温低粘流体首先被采出，由于含水饱和度较高，含水较高。之后含水快速下降，油井很快出现高峰产油期。此后，随着压力的下降，溶解于原油中的二氧化碳也逐渐析出，从而形成溶解气驱，提高了原油向井底流动的能量。

**二氧化碳气顶区 B** 随着压力的降低，二氧化碳气顶逐步扩大，并与原油中的溶解气共同驱动，进一步提高了回采能力。

**原始含油区 C** 该区域仍为原始温度、压力的地层油。

图 4-20  HDCS 回采模型示意图

# 4.5　HDCS强化采油技术物模驱替效率研究

图 4-21 为分别用蒸汽、$N_2$＋蒸汽、$CO_2$＋蒸汽、HDCS 四种注入方式进行驱替,得出四种驱替方式的驱替效率与注入体积的关系曲线。通过曲线对比,综合考察 DCS 复合降粘和混合传质作用提高采收率的效果。

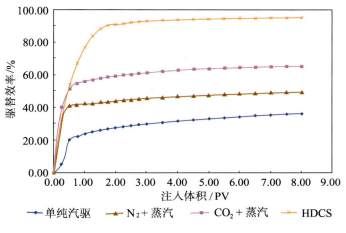

图 4-21　不同注入方式提高驱替效率曲线

从图 4-21 结果可以看出,四种注入方式的最大驱替效率,从小到大依次为:蒸汽是 30％,$N_2$＋蒸汽是 43％,$CO_2$＋蒸汽是 62％,HDCS 是 94％。采用 HDCS 方式,驱替效率分别是蒸汽、$N_2$＋蒸汽、$CO_2$＋蒸汽的 3.1 倍、2.2 倍和 1.52 倍。实验结果表明,四种注入方式提高驱替效率的能力,从低到高依次是:蒸汽＜$N_2$＋蒸汽＜$CO_2$＋蒸汽＜HDCS,可见 HDCS 方式能显著改善超稠油驱替效果。

实验用 $N_2$＋蒸汽作对比,是为了考察 $N_2$ 在超稠油应用中的可行性和应用效果。根据实验结果,$N_2$＋蒸汽提高驱替效率的幅度比 $CO_2$＋蒸汽、HDCS 都小。分析认为氮气同稠油之间界面亲和力较差,这是其提高蒸汽驱替效率幅度较低的主要原因。而 $CO_2$ 同油之间具有良好的界面特性,可显著降低残余油饱和度。

为了考察超稠油油藏多轮次蒸汽吞吐或蒸汽驱后,应用 HDCS 强化采油技术提高采收率的效果,先注入一定量的蒸汽,再分别注入 $CO_2$＋蒸汽、$N_2$＋蒸汽和 HDCS,得出三种驱替方式的驱替效率与注入体积的关系曲线。通过曲线对比,重点考察 HDCS 在破乳、扩大热波及范围、提高采收率方面的效果。实验条件同前,实验结果如图 4-22 所示。

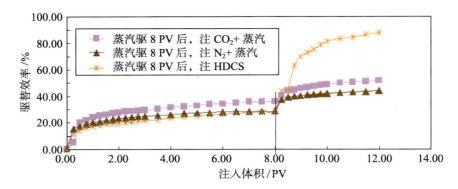

图 4-22　蒸汽驱后不同注入方式提高驱替效率曲线

从图 4-22 结果可以看出，三种注入方式的最大驱替效率，从小到大依次是：$N_2$＋蒸汽是 40％，$CO_2$＋蒸汽是 51％，HDCS 是 90％。HDCS 技术分别比蒸汽驱的驱替效率提高 10％、21％和 60％。实验结果表明，三种注入方式在蒸汽驱后提高驱替效率的能力，从低到高依次是：$N_2$＋蒸汽＜$CO_2$＋蒸汽＜HDCS。分析认为，先期注入蒸汽后，地层含水饱和度增加，后续注入的蒸汽热损失加大；同时，由于蒸汽驱油边缘存在冷水带、乳化带，减小蒸汽波及范围，原油流动能力下降。由于 HDCS 中的油溶性复合降粘剂和 $CO_2$ 能降低油水界面张力，有效破乳降粘，因此能继续扩大蒸汽的热波及范围；再加上 $CO_2$ 的气驱作用和改善孔隙渗透性效果，有利于提高回采水率，最终提高驱替效率。

将 $CO_2$＋蒸汽和 HDCS 的驱替效率曲线对比，发现加入油溶性复合降粘剂后，驱替效率显著增加。分析认为，在地层存水率高的条件下，加入 SLKF 油溶性复合降粘剂，注汽前缘和冷凝边缘的高粘乳化带实现破乳，提高了驱替效率。这一实验结果也验证了本章关于油溶性复合降粘剂的作用机理。

图 4-23、图 4-24 为双管模型蒸汽和 DCS 两种不同驱替方式的采出程度曲线。

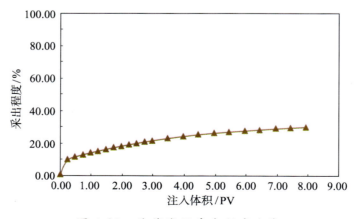

图 4-23　纯蒸汽驱采出程度曲线

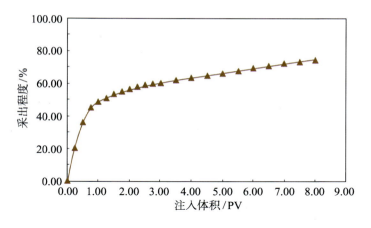

图 4-24　DCS 采出程度曲线

对比图 4-23 和图 4-24,采用单纯注蒸汽的驱替方式,8 PV 后采出程度只有 30.04%。采用 DCS 驱替方式,8 PV 后采出程度为 74.13%。可见 DCS 驱替方式能有效提高非均质储层的驱替效率。

无论是单管模型还是双管模型,以及从 DCS 驱替和先蒸汽驱再 DCS 驱替的效果来看,DCS 技术都可提高驱替效率 2 倍以上,因此,应用油溶性复合降粘剂、二氧化碳和蒸汽可以大幅度提高采收率。

## 参考文献

1　SH/T 0266-92.石油沥青质含量测定法.中华人民共和国石油化工行业标准,1998

2　SH/T 0509-92.石油沥青组分测定法.中华人民共和国石油化工行业标准,1998

3　李士伦,张正卿,冉新权著.注气提高石油采收率技术.成都:四川科学技术出版社,2001

4　余五星.超稠油蒸汽吞吐井注入 $CO_2$ 相态变化及热能消耗研究.中外能源,2006,11(6):38~40

# 第五章 CHAPTER 5

# 超稠油HDCS强化采油技术数值模拟

数值模拟研究采用的软件是加拿大 CMG 软件公司的 STARS 模拟器。该软件是一个考虑热力影响的三维三相多组分模拟器,组分在相间的作用及热流体提高采收率机理设置方面比较合理,因此在世界许多国家得到了广泛的应用,特别是在热采、化学驱领域,完全能够满足超稠油 HDCS 强化采油技术的数值模拟要求。

在进行超稠油 HDCS 强化采油技术数值模拟前,准确评价油藏地层流体相态特征以及注入二氧化碳后地层流体相态特征变化,是确定注二氧化碳辅助开采机理及运用多组分油藏数值模拟技术正确预测油田开发动态的基础,因此,必须对地层原油、地层水、注入气体(二氧化碳)及多相混合物相态特征进行拟合,相态特征拟合使用 CMG 软件中的 Winprop 模块[1]。

## 5.1 流体相态特征拟合

PVT 实验数据拟合采用 CMG 的 Winprop 模块,对于热采模拟软件 STARS，Winprop可用于生成完整的 PVT 数据，包括组分密度、压缩系数和热膨胀系数，以及液体组分的粘度系数等。Winprop 使用 Henry 定律模拟二氧化碳、轻烃在水中的溶解度，通过拟合两个溶解度数据得出的模型常数可用于程序内部组分。Winprop 还可以用于模拟等组分膨胀、差异分离、等容衰竭、分离器试验、膨胀实验等过程。因此 Winprop 完全可以满足本次 PVT 实验数据的拟合。

### ⊙ 5.1.1　原始流体组成及相态特征

在超稠油 HDCS 强化采油技术数值模拟流体模型中，原油作为四个组分处理，分别为饱和分、芳香分、胶质和沥青质，各组分的质量分数及相对分子质量均来自原油四组分实验结果，见表 5-1、表 5-2。

表 5-1　原油四组分分析结果

| 项目 | 饱和分/% | 芳香分/% | 胶质/% | 沥青质/% |
| --- | --- | --- | --- | --- |
| 郑 411-p59 | 24.97 | 24.45 | 38.45 | 12.13 |
| 郑 411-p1 | 24.00 | 24.50 | 38.61 | 12.89 |
| 郑 411-p4 | 25.18 | 25.21 | 37.64 | 11.97 |
| 郑 411-p45 | 24.80 | 25.69 | 37.20 | 12.31 |
| 郑 411-p81 | 24.60 | 25.17 | 36.18 | 14.05 |
| 郑 411-p6 | 24.50 | 24.92 | 37.72 | 12.86 |
| 郑 411-p8 | 30.68 | 29.12 | 29.65 | 10.55 |
| 平均值 | 25.53 | 25.58 | 36.5 | 12.39 |

表 5-2　原油四组分相对分子质量分析结果

| 项目 | 饱和分 | 芳香分 | 胶质 | 沥青质 |
| --- | --- | --- | --- | --- |
| 郑 411-p59 | 490 | 540 | 1 370 | 4 160 |
| 郑 411-p1 | 480 | 560 | 1 360 | 3 610 |
| 郑 411-p4 | 470 | 550 | 1 370 | 3 550 |
| 郑 411-p45 | 470 | 570 | 1 380 | 3 610 |
| 郑 411-p81 | 490 | 560 | 1 350 | 3 510 |
| 郑 411-p6 | 470 | 580 | 1 380 | 3 560 |
| 郑 411-p8 | 480 | 570 | 1 370 | 3 450 |
| 平均值 | 478.57 | 561.43 | 1 368.57 | 3 635.71 |

PVT 高压物性实验数据拟合中所用的流体必须要能代表油藏条件下的

流体样品,因此对井口所取油样进行实验时必须考虑地层条件下油藏中的原始溶解气,因为原始溶解气会对原油在油藏条件下及开采过程中的粘度产生比较大的影响,根据现场资料及调研资料设定原始溶解气量为 5 m³/t,原始溶解气为 $C_1$、$C_2$ 和 $C_3$ 的混合物。

### ⊙ 5.1.2　流体相态特征拟合过程及拟合结果

进行 PVT 实验拟合实际上就是通过 PVT 软件,调整 EOS 状态方程参数,使计算出的结果与实验室测量结果相匹配,然后把拟合好的 EOS 状态方程输出给组分模型作为组分模拟的状态方程。

#### 5.1.2.1　超稠油 PVT 实验数据拟合的具体步骤

(1) PVT 实验报告的质量检查

检查报告中所有组分的摩尔分数之和是否为 100%,该实验中涉及组分为原始溶解气、饱和分、芳香分、胶质、沥青质和二氧化碳,其中二氧化碳为外来流体,即后期注入的流体。各组分在体系中所占摩尔分数见表 5-3,可见地层原始流体及外来流体中所有组分的摩尔分数之和为 100%。检查完摩尔分数之和后要检查输入组分的参数的变化趋势是否正确。原油四组分随着摩尔质量的增加,临界温度、沸点、临界体积、偏心因子、液体密度增大,而临界压力和临界 Z 因子随着组分摩尔质量的增加而减小,参数变化趋势符合上述要求。

表 5-3　各组分的摩尔分数

| 组分 | 摩尔分数/% | |
| --- | --- | --- |
| | 原始流体 | 外来流体 |
| 溶解气 | 13.66 | 0 |
| 饱和分 | 35.71 | 0 |
| 芳香分 | 30.5 | 0 |
| 胶质 | 17.848 | 0 |
| 沥青质 | 2.282 | 0 |
| 二氧化碳 | 0 | 100 |

(2) EOS 方程优选

在进行 PVT 实验拟合时,选择合适的 EOS 状态方程是基础,在 Winprop 相态拟合软件中提供了四个状态方程,分别为 SK 状态方程、改进的 SK 状态方程——RSK 状态方程、PR 状态方程(1976 年)和 PR 状态方程(1978 年)。总体而言,无论是 SK 状态方程还是 PR 状态方程,改进后的方程较改进前在预测精度上都有提高,但在预测稠油流体相态特征时 PR 状态方程的准确度高于 RSK 状态方程(RSK 状态方程在模拟气藏开发时精确度较高),因此本次 PVT 拟合中选取 PR 状态方程进行计算。在拟合粘度方面,Winprop 相态拟合软件提供了两种计算关系式:Jossi-Stiel-Thodos 粘度关系式和 Pedersen 粘度关系式。在拟合稠油粘度时,Pedersen 粘度关系式的精确度明显优于其他方程,因此选用 Pedersen 粘度关系式。

（3）实验参数权值设置

实验得到的结果数据很多,在不可能将所有实验结果拟合好的情况下,要首先拟合好重要的实验数据,重要的实验数据可以设定较大的权值。

这里主要进行以下参数拟合:① 油藏压力和温度下,含气原油密度和粘度拟合;② 原油饱和压力及饱和压力下原油密度和粘度拟合;③ 含气原油在饱和压力以上粘度变化(CCE)拟合;④ 不同溶解量下,外来流体二氧化碳溶解在原油中的饱和压力及溶解后原油体积系数的拟合。其中,饱和压力以上油藏流体的粘度、溶解二氧化碳的饱和压力和溶解二氧化碳后原油膨胀能力是本次拟合的重点,设定的权值比其他稍大,设为 2,其他均为 1。

（4）组分属性参数调整策略

在拟合 PVT 实验结果时,有些组分的参数是不能调整的,如纯组分二氧化碳和水的临界压力、临界温度和偏心因子等不应该发生变化,不能调整这些参数。原油四组分的临界属性都不确定,可以进行调整。拟合中发现选取不同的组分属性进行拟合对结果影响很大,总结规律如下:① 组分的临界压力、临界温度和偏心因子影响饱和压力;② 组分的体积偏移影响液体密度;③ 粘度的回归是单独进行的,粘度回归不影响其他结果;④ 二元相关系数的回归一定要小心,不合理的回归在进行组分模拟时会导致严重的收敛性问题。

在进行完拟合后,将拟合好的状态方程及各组分物性参数输出给组分模型,可以进行数值模拟工作。

### 5.1.2.2　超稠油 PVT 实验数据拟合的结果

（1）流体相态特征拟合参数变化

选定 PR 状态方程后要选取需要拟合的参数,相态拟合软件就是通过调整这些选定的参数来达到拟合 PVT 实验的目的。此次选取粘度公式中的参数及原油四组分的临界压力、临界温度以及状态方程的两个参数 $\Omega_a$ 和 $\Omega_b$ 进行了回归拟合,进行拟合后Pedersen粘度关系式中的 5 个系数发生了变化,原关系式及拟合修正后关系式中的系数对比见表 5-4;拟合后四组分的临界压力、临界温度和状态方程的参数也发生了变化,原参数及拟合修正后参数对比见表 5-5、表 5-6。

表 5-4　拟合前后 Pedersen 公式中系数对比

| 系数 | 原公式系数 | 拟合后公式系数 |
|---|---|---|
| 系数 1 | $1.307\,002\times10^{-4}$ | $1.6\times10^{-4}$ |
| 系数 2 | $2.148\,169\,4$ | $2.577\,8$ |
| 系数 3 | $6.425\,747\,6\times10^{-3}$ | $5.14\times10^{-3}$ |
| 系数 4 | $1.832\,910\,7$ | $1.466\,33$ |
| 系数 5 | $4.806\,305\,9\times10^{-1}$ | $4.643\,269\times10^{-1}$ |

表 5-5　拟合前后四组分临界参数对比

| 参数 | 拟合前临界参数 | | 拟合后临界参数 | |
|---|---|---|---|---|
| | 临界压力 /atm | 临界温度 /K | 临界压力 /atm | 临界温度 /K |
| 饱和分 | 7.918 | 923.681 | 8.487 05 | 890.683 52 |
| 芳香分 | 7.2 | 1 026.757 | 7.769 05 | 993.759 52 |
| 胶质 | 6.5 | 1 267.713 | 7.069 05 | 1 234.715 5 |
| 沥青质 | 6 | 1 846.146 | 6.569 05 | 1 813.148 5 |

表 5-6　拟合前后四组分 PR 状态方程参数对比

| 参数 | 拟合前 | | 拟合后 | |
|---|---|---|---|---|
| | $\Omega_a$ | $\Omega_b$ | $\Omega_a$ | $\Omega_b$ |
| 饱和分 | 0.457 235 53 | 0.077 796 074 | 0.548 68 | 0.090 469 409 |
| 芳香分 | 0.457 235 53 | 0.077 796 074 | 0.548 68 | 0.090 469 409 |
| 胶质 | 0.457 235 53 | 0.077 796 074 | 0.548 68 | 0.090 469 409 |
| 沥青质 | 0.457 235 53 | 0.077 796 074 | 0.548 68 | 0.090 469 409 |

（2）原油基本参数拟合结果

油藏条件下含气原油密度为 1 019.4 kg/m³，粘度为 66 471 mPa·s；数值模拟拟合后含气原油密度和粘度分别为 1 003.6 kg/m³ 和 67 749 mPa·s，两者误差分别为 1.4% 和 1.9%，均达到较高的拟合精度。

饱和压力实验值为 1.858 5 MPa，拟合值为 1.58 MPa，误差为 15.3%，但是在超稠油 HDCS 强化采油技术现场操作中井底流压最小值控制在 4 MPa 以上，因此饱和压力预测的误差对数值模拟影响不大。饱和压力下原油密度和粘度的实验值分别为 1 012.6 kg/m³ 和 47 800 mPa·s，拟合后的原油密度和粘度分别为 997.7 kg/m³ 和44 975 mPa·s，两者的拟合误差分别为 1.5% 和 5.9%，均达到较高的拟合精度。

上述原油基本参数拟合结果见表 5-7。

表 5-7 原油基本参数拟合结果

| 参数 | | 实验值 | 计算值 | 误差/% |
|---|---|---|---|---|
| 油藏条件下 | 原油密度/(kg·m⁻³) | 1 019.4 | 1 003.6 | 1.4 |
| | 原油粘度/(mPa·s) | 66 471 | 67 749 | 1.9 |
| 饱和压力/MPa | | 1.858 5 | 1.574 | 15.3 |
| 饱和压力下 | 原油密度/(kg·m⁻³) | 1 012.6 | 997.7 | 1.5 |
| | 原油粘度/(mPa·s) | 47 800 | 44 975 | 5.9 |

（3）高温高压油藏物性实验拟合

在此次实验数据拟合中最为重要的是恒组成膨胀实验数据（CCE，Constant Composition Expansion）和注入气膨胀测试（Swelling Test）实验数据的拟合。

恒组成膨胀实验的操作过程是将一定量的油藏流体放入高温高压容器中，升高压力至油藏压力或大于油藏压力，温度升高至油藏温度。在逐步增大容器体积的过程中容器内压力逐渐降低。在整个过程中压力始终控制在饱和压力以上，因此原始溶解气不会从原油中析出。进行恒组成膨胀实验模拟可以得出，开采过程中随着地层压力的降低，地层流体体积的膨胀程度、体积系数和偏差系数的变化等，从而可用于判断地层油弹性膨胀特性在驱替机理中的作用程度。本实验测定了整个实验过程中不同压力对应的油藏流体的粘度。拟合实验数据结果如图 5-1 所示。

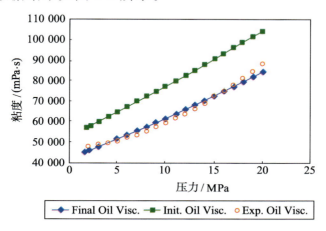

图 5-1 粘度实验值和计算值拟合曲线

图 5-1 是含原始溶解气的原油在饱和压力以上的粘度变化，黄色圈点为实验值，蓝色曲线为拟合后的数值，绿色曲线为初始计算值。可以看出，粘度拟合误差很小，当压力大于 15 MPa 后误差略增大，但考虑到超稠油三元复合吞吐技术用于开发的稠油的油藏压力低于 15 MPa，并且控制最小井底流压高于

4 MPa，在4～15 MPa之间可以达到很高的拟合精度，可以满足数值模拟要求。

注入气膨胀测试实验是为了测试外来流体在原油中的溶解能力及注入后使原油膨胀的能力，在注气开发油田中注入气体膨胀测试实验是必需的。膨胀测试的实验过程如下：将原油注入高温高压容器，温度升高至油藏温度，将原始溶解气注入容器中，测定原油的饱和压力及此时油气混合物体积，然后将少量的外来流体（二氧化碳）注入容器，此时测定新的饱和压力和油气混合物的体积，然后重复上面的注入少量的二氧化碳的过程，并且每注入一定量的二氧化碳后都测定新的饱和压力和油气混合物体积，直至饱和压力达到允许的注入压力。膨胀测试实验拟合了注入二氧化碳后饱和压力的变化和原油体积系数的变化，拟合结果如图5-2所示。

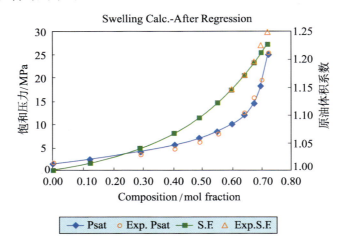

图 5-2　饱和压力、原油体积系数实验值和计算值拟合曲线

图5-2中，红色圈点是不同二氧化碳溶解量下的饱和压力实验值，红色三角是不同二氧化碳溶解量下的原油膨胀系数实验值，蓝色线为饱和压力拟合计算值，绿色线为体积系数拟合计算值。可以看出原油体积系数除最后一点有一定偏差外，其他数据点均达到很高的拟合精度。整体上，饱和压力达到了较好的拟合精度，可以满足数值模拟的需要。

综合上述拟合结果看，实验数据和计算值都达到了较高的拟合精度。

进行实验数据拟合的目的是为了提供合理的油藏数值模拟参数，因此在以上各项拟合量均达到较高拟合精度的基础上导出了各组分的性质参数及溶解气、二氧化碳和原油在不同温度及压力下在气相、油相和水相中的分布值，为超稠油 HDCS 强化采油技术数值模拟提供了可信的参数。

另外，高效油溶性降粘剂在油水相中的分布值都通过 Winprop 进行了计算，为油藏数值模拟模型的建立提供了完备的数据。

# 5.2 超稠油HDCS强化采油技术数值模拟模型建立

建立数值模型是数值模拟研究的基础,在建立数模模型时应根据油藏类型及资料情况确立合适的建模方法,尽量能够真实地反映油藏的实际情况。在研究中需要对二氧化碳、降粘剂提高超稠油油藏开发效果和地质、蒸汽注入等敏感性参数进行模拟运算并得出规律,考虑到这些特点,本次数值模拟根据油藏类型及地质参数建立概念模型进行研究。

## ⊙ 5.2.1 概念地质模型

数模油藏区块实际顶深在 1 310～1 340 m,模型顶深统一取为 1 330 m。储层模型主要描述储层的孔、渗、饱等参数及储层参数在空间上的分布。

本次数模的储层砂体实际厚度为 10～30 m,砂体有效厚度 4～20 m。概念模型中砂体厚度为 15 m,砂体有效厚度为 10 m。由于小层砂体较厚,数值模型在纵向上细分为等厚5层,即每层砂厚 3 m,有效厚度 2 m。

考虑到本次数值模拟研究区域的大小和形状及开发方式,在划分网格时采用了Cartesian网格系统,建立了 25×25×5 的网格,平均网格大小 10 m×10 m。

网格模型如图 5-3 所示。

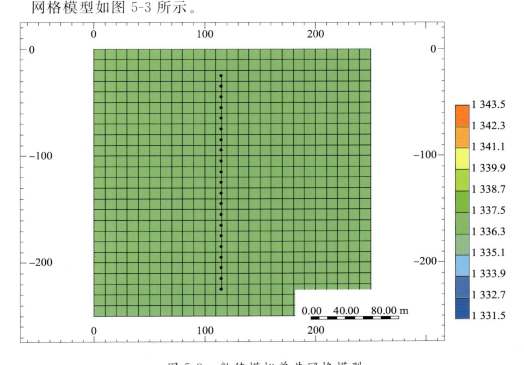

图 5-3 数值模拟单井网格模型

数模试验区三维构造模型如图 5-4 所示。

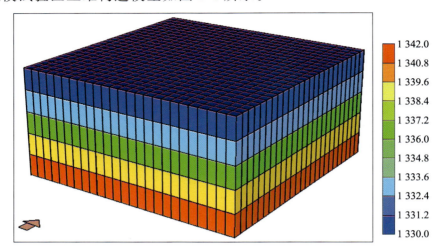

图 5-4　数值模拟三维模型

为了简化模型,渗透率均取 $4\,900\times10^{-3}\ \mu m^2$,含油饱和度均设定为 0.664。在模型中设立一口水平井,井深 1 337.5 m,原始油藏压力 13 MPa,油层射孔段在第三小层。

### ⊙ 5.2.2　流体模型

(1)粘温关系的确定

地面脱气原油粘温曲线是通过室内 PVT 实验测定的,在数值模拟中考虑溶解气对原油粘度的影响,数值模拟软件中将溶解气和脱气油粘度按照非线性叠加计算出油藏条件下含气原油粘温曲线,如图 5-5 所示。

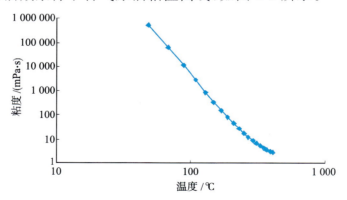

图 5-5　原油粘温对数曲线

(2)相渗曲线的确定

选取该区块多条油水相对渗透率曲线进行归一化处理,确定了数值模拟中使用的相渗曲线,束缚水饱和度为 0.336,对应油的相对渗透率为 1,残余油饱和度为0.292,对应水的相对渗透率为0.25,相渗曲线如图5-6所示。

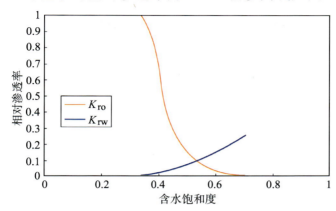

图 5-6　模拟油藏相渗曲线

除去上述参数外,部分数值模拟所用油藏地质、流体参数见表5-8。

表 5-8　油藏部分地质、流体参数

| 参数 | 数值 | 参数 | 数值 |
|---|---|---|---|
| 原始油藏温度/℃ | 68 | 油层热容/(kg·m$^{-3}$·℃$^{-1}$) | 1 500 |
| 压力系数/(MPa·10$^{-2}$m$^{-1}$) | 0.98 | 盖底层导热系数/(kJ·d$^{-1}$·m$^{-1}$·℃$^{-1}$) | 130 |
| 地面原油密度/(g·cm$^{-3}$) | 1.01 | 盖底层热容/(kJ·m$^{-3}$·℃$^{-1}$) | 2 400 |
| 油层导热系数/(kJ·d$^{-1}$·m$^{-1}$·℃$^{-1}$) | 160 | 岩石孔隙压缩系数/MPa$^{-1}$ | 0.000 152 |

（3）降粘剂作用模型

超稠油降粘剂的主要有效成分为活性添加剂、高聚物、高相对分子质量长链烷烃和表面活性剂。长链烷烃保证降粘剂能够迅速溶入近井地带的超稠油,活性添加剂和高聚物能够改善超稠油大分子化学结构,减小胶质沥青质的缔合程度,也能够减小超稠油中胶质、沥青质的相对分子质量,降低胶质、沥青质含量,快速溶解、分散超稠油中的聚集体,并大幅度降低油水界面张力,对油包水乳状液进行反相乳化,能够实现超稠油在油藏条件下的强制降粘。

鉴于对降粘剂降粘作用的认识,在数值模拟模型中主要考虑降低油水界面张力和解缔大分子成为相对分子质量较小的结构这两个机理。

# 5.3　三元复合吞吐数值模拟注入组分作用研究

## ⊙ 5.3.1　降粘剂组分作用研究

对上述考虑降粘剂数值模拟中作用机理的可行性进行论证,设定首先向油藏中注入 40 t 研发的高效油溶性降粘剂,周期注入蒸汽量为 2 000 t,从数值模拟结果中观察降粘剂注入后水平井所在网格上原油粘度的变化、解缔生成的小分子结构在油相中所占的摩尔分数及油水界面张力的变化,模拟结果如图 5-7 至图 5-12 所示。

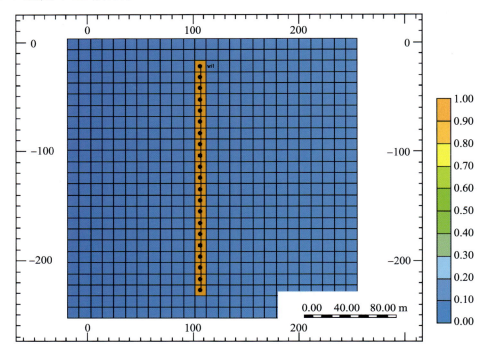

图 5-7　注入降粘剂后解缔小分子油相摩尔分数平面分布图

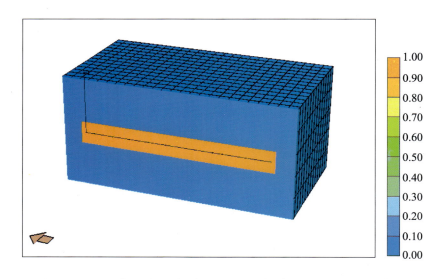

图 5-8　注入降粘剂后解缔小分子油相摩尔分数纵向分布图

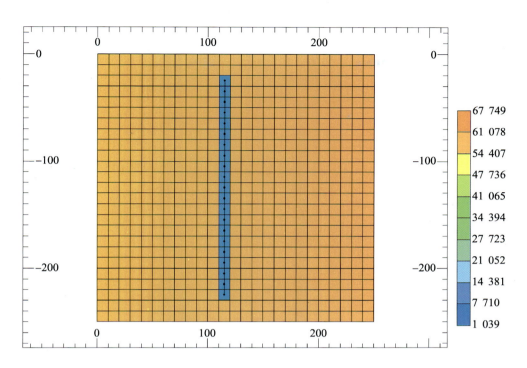

图 5-9　注入降粘剂后原油粘度变化图

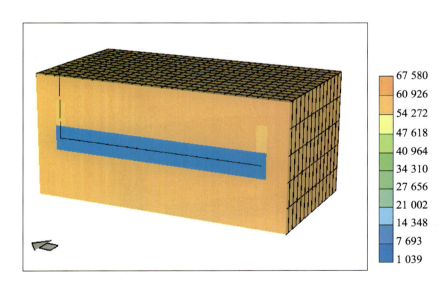

图 5-10　注入降粘剂后原油粘度变化纵向分布图

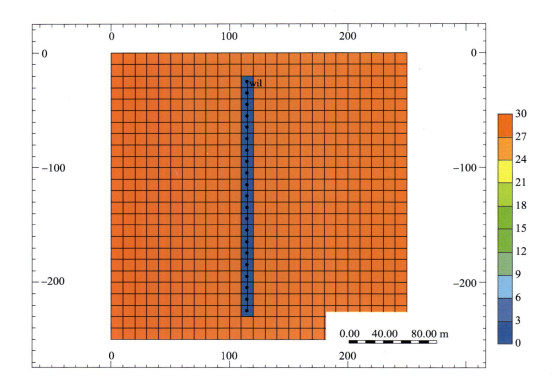

图 5-11　注入降粘剂后油水界面张力图

图 5-12　注入降粘剂后纵向油水界面张力图

从上述数值模拟结果可以看出,注入降粘剂 1 d 后,解缔小分子在水平井所在网格中油相摩尔分数达到 96.8%,降粘率达到 75%,和实验结果基本符合,说明从解缔大分子生成小分子结构及降低油水界面张力角度考虑降粘剂在数值模型中的作用是合理可行的。

### ⊙ 5.3.2　二氧化碳组分作用研究

二氧化碳提高稠油采收率的机理包括降低原油粘度、改善流度比、原油体积膨胀、降低界面张力、溶解气驱作用和扩大蒸汽的波及半径,在数值模拟中重点考虑二氧化碳溶于原油后大幅度降低原油粘度的作用、使原油膨胀的作用和气体驱动的作用。

对上述考虑二氧化碳数值模拟中作用机理的可行性进行论证,设定首先向油藏中注入 120 t 液态二氧化碳,周期注入蒸汽量为 2 000 t,从数值模拟结果中观察二氧化碳注入后水平井附近原油粘度的变化及二氧化碳在油相中的分布,模拟结果如图 5-13 至图 5-21 所示。

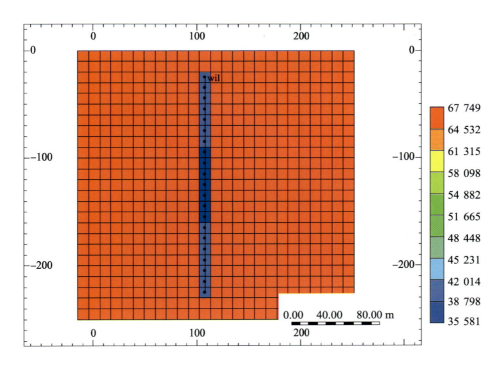

图 5-13　注入二氧化碳 1 d 后平面上原油粘度变化图

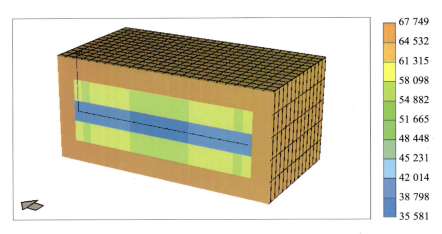

图 5-14　注入二氧化碳 1 d 后纵向原油粘度分布图

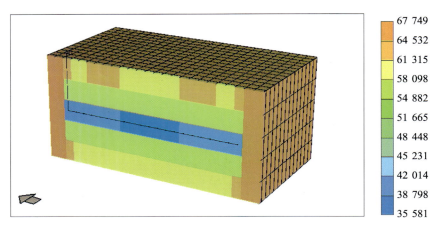

图 5-15　注入二氧化碳 2 d 后纵向原油粘度分布图

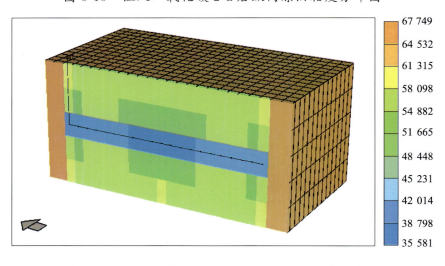

图 5-16　注入二氧化碳 3 d 后纵向原油粘度分布图

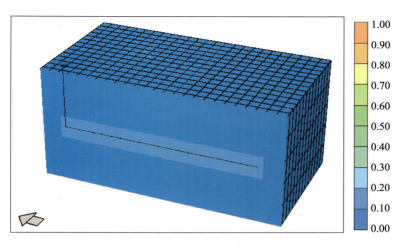

图 5-17　注入二氧化碳 1 d 后油相中二氧化碳摩尔分数

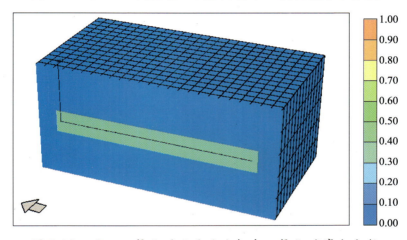

图 5-18　注入二氧化碳 2 d 后油相中二氧化碳摩尔分数

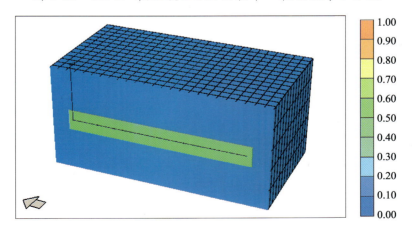

图 5-19　注入二氧化碳 3 d 后油相中二氧化碳摩尔分数

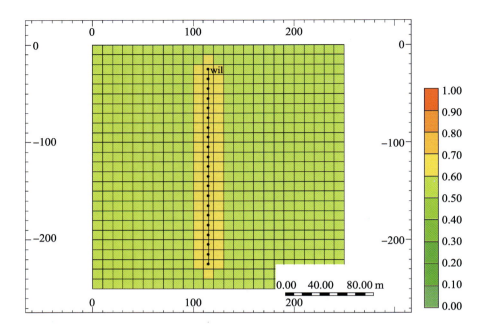

图 5-20　注入二氧化碳 3 d 后原油饱和度平面分布图

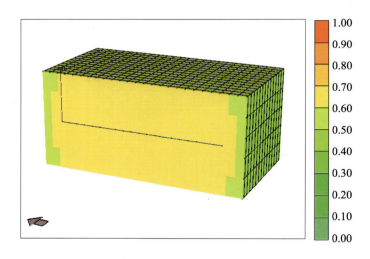

图 5-21　注入二氧化碳 3 d 后原油饱和度纵向分布图

　　从上述数值模拟结果可以看出,注入二氧化碳 2 d、3 d、4 d 时,原油粘度迅速降低,并且二氧化碳溶解于原油使其膨胀,导致溶解二氧化碳区域原油饱和度增大,且作用范围逐渐扩大,也说明二氧化碳的注入起到了驱动原油的作用,可见在数值模拟中考虑二氧化碳注入后降低原油粘度、使原油膨胀和气体驱动作用是合理可行的。

### ⊙ 5.3.3 蒸汽组分作用研究

蒸汽提高稠油采收率的机理主要是降低原油粘度、改善流度比,在数值模拟中重点考虑蒸汽注入后大幅度降低原油粘度的作用。

对上述考虑蒸汽数值模拟中作用机理的可行性进行论证,设定向油藏中注入 2 000 t 冷水当量的蒸汽,蒸汽注入速度为 200 t/d,从数值模拟结果中观察蒸汽注入后水平井附近原油粘度的变化及地层温度场变化,模拟结果如图 5-22 至图 5-25 所示。

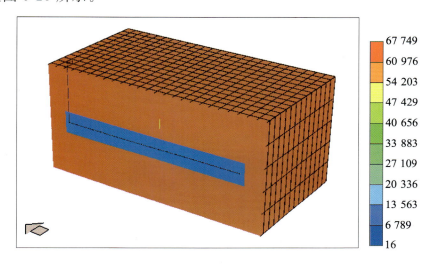

图 5-22 蒸汽初始注入时原油粘度纵向分布

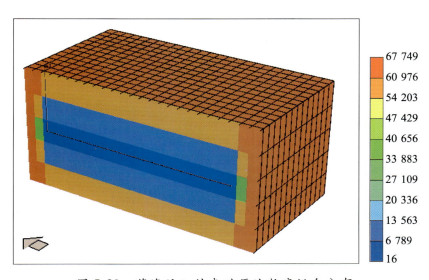

图 5-23 蒸汽注入结束时原油粘度纵向分布

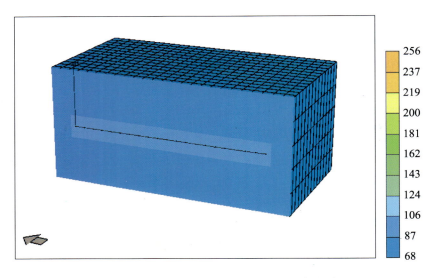

图 5-24　蒸汽初始注入时纵向温度分布

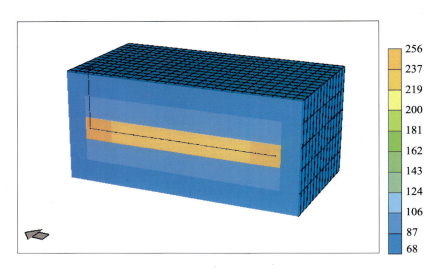

图 5-25　蒸汽注入结束时纵向温度分布

从上述数值模拟结果可以看出，注入蒸汽后，蒸汽热力作用范围逐渐扩大，使作用区原油粘度大幅度降低，可见在数值模拟中处理蒸汽的方式是可行的。

### ⊙ 5.3.4　HDCS 技术作用研究

HDCS 技术充分利用了降粘剂、二氧化碳和蒸汽的传质、扩散和混合降粘作用，对超稠油油藏的降粘范围和降粘幅度比单一因素有了极大的提高，保障了回采过程中原油的正常生产，说明该技术对超稠油油藏具有很好的开发效果。焖井结束时原油粘度分布如图 5-26、图 5-27 所示。

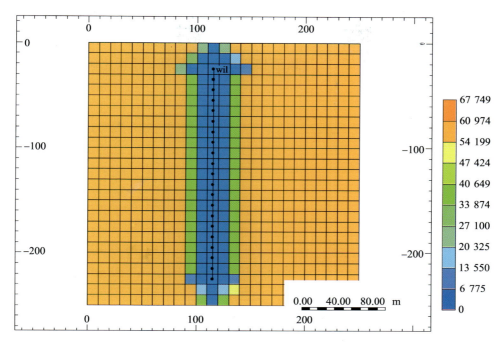

图 5-26　焖井结束时原油粘度横向分布

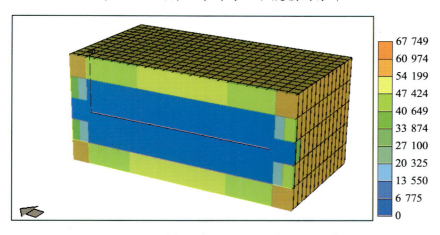

图 5-27　焖井结束时原油粘度纵向分布

# 5.4 超稠油HDCS强化采油技术注入参数敏感性分析

## ⊙ 5.4.1　常规蒸汽吞吐数值模拟

特超稠油粘度大、流动性差，普通蒸汽吞吐开采方式无法获得有工业价值的油流，数值模拟单纯蒸汽吞吐结果见表 5-9。超稠油 HDCS 强化采油技术先导实验证明了该技术能够很好地解决该类型油藏注汽压力大、产油量低、动用程度差的问题。高效油溶性降粘剂、二氧化碳在超稠油 HDCS 强化采油技术中起着举足轻重的作用,通过数值模拟研究降粘剂、二氧化碳对开发效果的影响很有必要。

表 5-9　蒸汽吞吐数值模拟结果

| 蒸汽量/t | 周期/d | 累计产油量/t | 油汽比/$(t \cdot t^{-1})$ |
|---|---|---|---|
| 1 400 | 70 | 36 | 0.025 7 |
| 1 600 | 87 | 50 | 0.031 3 |
| 2 000 | 120 | 85 | 0.042 5 |
| 2 400 | 133 | 101 | 0.042 1 |
| 2 800 | 141 | 117 | 0.041 8 |
| 3 200 | 148 | 128 | 0.040 0 |

## ⊙ 5.4.2　高效油溶性降粘剂对开发效果的影响

为研究高效降粘剂对开发效果的影响,将二氧化碳的注入量设定为每周期 140 t,蒸汽注入量设定为每周期 2 000 t,分别对高效降粘剂周期注入量为 0 t、10 t、20 t、30 t、40 t 和 50 t 进行了模拟研究,模拟结果见表 5-10。

表 5-10　高效油溶性降粘剂对开发效果的影响模拟结果

| 周期降粘剂/t | 累计降粘剂/t | 累计产油量/t | 累计油汽比/$(t \cdot t^{-1})$ | 采收率/% |
|---|---|---|---|---|
| 0 | 0 | 20 560 | 0.69 | 16.03 |
| 10 | 150 | 22 116 | 0.74 | 17.25 |
| 20 | 300 | 23 549 | 0.78 | 18.36 |
| 30 | 450 | 24 782 | 0.83 | 19.33 |
| 40 | 600 | 25 159 | 0.84 | 19.62 |
| 50 | 750 | 25 390 | 0.85 | 19.80 |

从上面的研究结果可以看出:随着降粘剂周期注入量的增加,采收率逐渐增加,累计产油量和累计油汽比均呈现增大的趋势。随着降粘剂用量的增加,各参数增加幅度变缓,如图5-28所示。

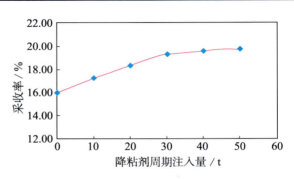

图 5-28　采收率—降粘剂周期注入量关系曲线

### ⊙ 5.4.3　二氧化碳对开发效果的影响

为研究二氧化碳对超稠油 HDCS 强化采油技术开发效果的影响,将高效降粘剂的周期注入量设定为 40 t,蒸汽周期注入量设定为 2 000 t,分别对二氧化碳周期注入量为 100 t、120 t、140 t、160 t 和 180 t 进行了模拟研究,计算结果见表5-11。

**表 5-11　二氧化碳对开发效果的影响模拟结果**

| 二氧化碳周期注入量 /t | 累计二氧化碳注入量 /t | 累计产油量 /t | 累计油汽比 /(t·t⁻¹) | 采收率/% |
|---|---|---|---|---|
| 100 | 1 500 | 19 668 | 0.66 | 15.34 |
| 120 | 1 800 | 22 334 | 0.74 | 17.42 |
| 140 | 2 100 | 25 162 | 0.84 | 19.62 |
| 160 | 2 400 | 26 247 | 0.87 | 20.47 |
| 180 | 2 700 | 27 036 | 0.9 | 21.08 |

从上面的研究结果可以看出:随着二氧化碳注入量的增加,采收率逐渐增加,但是随着二氧化碳用量的增加,采收率增加幅度变缓,如图 5-29 所示。

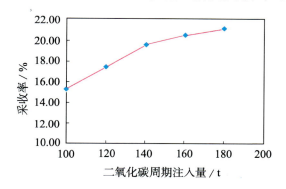

图 5-29　采收率—二氧化碳周期注入量关系曲线

### ⊙ 5.4.4　蒸汽对开发效果的影响

为研究注入蒸汽对超稠油 HDCS 强化采油技术开发效果的影响,将高效降粘剂的注入量设定为每周期 40 t,二氧化碳注入量设定为每周期 140 t,分别对蒸汽周期注入量为1 400 t、1 600 t、1 800 t 和 2 000 t 进行了模拟研究,模拟结果见表 5-12。

表 5-12　蒸汽对开发效果的影响模拟结果

| 蒸汽周期注入量/t | 累计蒸汽注入量/t | 累计产油量/t | 累计油汽比/(t·t⁻¹) | 采收率% |
|---|---|---|---|---|
| 1 400 | 21 000 | 18 589 | 0.89 | 14.5 |
| 1 600 | 24 000 | 23 061 | 0.96 | 17.98 |
| 1 800 | 27 000 | 24 217 | 0.9 | 18.89 |
| 2 000 | 30 000 | 25 162 | 0.84 | 19.62 |

从上面的研究结果可以看出：随着蒸汽周期注入量的增加，采收率逐渐增加，但是随着蒸汽用量的增加，采收率增加幅度变缓，如图 5-30 所示。

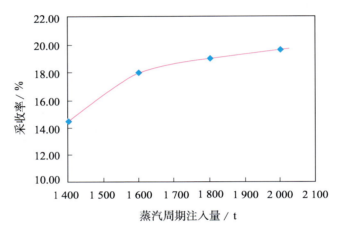

图 5-30　采收率—蒸汽周期注入量关系曲线

# 5.5 超稠油HDCS强化采油技术界限

在分别研究了降粘剂、二氧化碳和蒸汽对超稠油 HDCS 强化采油技术的影响后，需要将降粘剂、二氧化碳和蒸汽周期注入量三者综合起来进行方案设计，优选注入参数，从而确定超稠油 HDCS 强化采油技术界限。在本次数值模拟中采用正交实验设计的方法设计不同的注入方案进行模拟。

正交实验设计是一种统计方法。它以"正交表"为工具，用尽可能少的实验获得典型数据，分析出较优方案。当因子较多时，要进行全面实验，工作量是相当大的，有时候甚至是不可能完成的。例如有五个因子，每个因子有四个水平，这时候要进行 1 024($4^5$) 次实验，因此很有必要寻找一种方法，使实验次数尽可能减少，且所得的结果与全面实验所得的结果相差不太大，也即正交实验设计。

正交表有 $L_8(2^7)$、$L_9(3^4)$、$L_{16}(4^5)$ 等等，L 表示正交，其余的三个数有几种不同的含义。现以 $L_{16}(4^5)$ 为例说明如下：

① $L_{16}(4^5)$ 中的 16 表示实验次数，5 表示因子数，4 表示水平数。

② $L_{16}(4^5)$ 表的用法：该表最多可以安排 4 个水平的 5 个因子，共做 16 次实验。

③ $L_{16}(4^5)$ 表的结构：该表有 16 行，5 列，见表 5-13。

表 5-13　$L_{16}(4^5)$ 正交表

| 列号<br>行号 | 1 | 2 | 3 | 4 | 5 |
|---|---|---|---|---|---|
| 1 | 1 | 1 | 1 | 1 | 1 |
| 2 | 1 | 2 | 2 | 2 | 2 |
| 3 | 1 | 3 | 3 | 3 | 3 |
| 4 | 1 | 4 | 4 | 4 | 4 |
| 5 | 2 | 1 | 2 | 3 | 4 |
| 6 | 2 | 2 | 1 | 4 | 3 |
| 7 | 2 | 3 | 4 | 1 | 2 |
| 8 | 2 | 4 | 3 | 2 | 1 |
| 9 | 3 | 1 | 3 | 4 | 2 |
| 10 | 3 | 2 | 4 | 3 | 1 |
| 11 | 3 | 3 | 1 | 2 | 4 |
| 12 | 3 | 4 | 2 | 1 | 3 |
| 13 | 4 | 1 | 4 | 2 | 3 |
| 14 | 4 | 2 | 3 | 1 | 4 |
| 15 | 4 | 3 | 2 | 4 | 1 |
| 16 | 4 | 4 | 1 | 3 | 2 |

④ $L_{16}(4^5)$ 表的效率：5 个 4 水平的因子，它的全部不同水平组合有 $4^5 = 1024$ 个，按理应全部做出这些水平组合的实验才能找出一个最高的水平组合，经分析仍能找到 $4^5$ 个实验中水平组合较好或最好的。

本设计有 3 种不同物质，即高效降粘剂、二氧化碳和蒸汽，每种物质分别取 4 种不同注入量，即 3 个因子、4 个水平，各因素各水平的取值见表 5-14。

表 5-14　因素水平表

| 名称＼水平 | 因素 A | 因素 B | 因素 C |
| --- | --- | --- | --- |
| | 降粘剂注入量 /(t·周期⁻¹) | $CO_2$ 注入量 /(t·周期⁻¹) | 蒸汽注入量 /(t·周期⁻¹) |
| 1 | 20 | 120 | 1 400 |
| 2 | 30 | 140 | 1 600 |
| 3 | 40 | 160 | 1 800 |
| 4 | 50 | 180 | 2 000 |

要进行正交设计的 3 个因子放在正交表的前 3 列。进行 16 个方案数值模拟后得到各方案下的采收率见表 5-15。

表 5-15　正交表 $L_{16}(4^5)$ 设计及模拟结果

| 名称＼水平 | 降粘剂注入量 /(t·周期⁻¹) | $CO_2$ 注入量 /(t·周期⁻¹) | 蒸汽注入量 /(t·周期⁻¹) | 采收率/% |
| --- | --- | --- | --- | --- |
| 1 | 20 | 120 | 1 400 | 12.69 |
| 2 | 20 | 140 | 1 600 | 17.27 |
| 3 | 20 | 160 | 1 800 | 19.14 |
| 4 | 20 | 180 | 2 000 | 20.93 |
| 5 | 30 | 120 | 1 600 | 16.65 |
| 6 | 30 | 140 | 1 400 | 14.00 |
| 7 | 30 | 160 | 2 000 | 20.39 |
| 8 | 30 | 180 | 1 800 | 19.85 |
| 9 | 40 | 120 | 1 800 | 17.55 |
| 10 | 40 | 140 | 2 000 | 19.62 |
| 11 | 40 | 160 | 1 400 | 15.62 |
| 12 | 40 | 180 | 1 600 | 18.88 |
| 13 | 50 | 120 | 2 000 | 18.16 |
| 14 | 50 | 140 | 1 800 | 18.61 |
| 15 | 50 | 160 | 1 600 | 18.43 |
| 16 | 50 | 180 | 1 400 | 16.85 |

根据正交设计原理,最优方案并不一定在正交表中的实验方案中产生,而需通过计算分析确定。

用 $k_i^A$ 表示 A 因素第 $i$ 个水平数值对应的实验结果指标之和,则该因素第

$i$水平值的平均实验结果指标为：

$$k_i^A = \frac{K_i^A}{r_i}$$

(5-1)

式中，$r_i$为该因素第$i$个水平数值的实验次数，在$L_{16}(4^5)$表中都为4。这样可找到$A$因素下每个水平的平均实验结果。表5-16为各因素各水平的平均实验结果指标。采用直观分析法可从中优选最佳参数组合即最佳方案，其中最大的数值就是优选的水平。用同样的方法计算可得每个因素对应的最好平均实验结果指标对应的水平数值，将全部因素的最优水平数值组合得到的参数组合即为最优的实验方案。

表5-16 各因素水平的平均评价指标

| 水平 \ 因素 | 降粘剂注入量 /(t·周期$^{-1}$) | | $CO_2$注入量 /(t·周期$^{-1}$) | | 蒸汽注入量 /(t·周期$^{-1}$) | |
|---|---|---|---|---|---|---|
| | 水平 | $k_i^A$ | 水平 | $k_i^B$ | 水平 | $k_i^C$ |
| 1 | 20 | 17.508 | 120 | 16.26 | 1 400 | 14.788 |
| 2 | 30 | 17.72 | 140 | 17.375 | 1 600 | 17.806 |
| 3 | 40 | 17.916 | 160 | 18.393 | 1 800 | 18.787 |
| 4 | 50 | 18.012 | 180 | 19.12 | 2 000 | 19.774 |

## ⊙ 5.5.1 降粘剂周期注入量优选

由数值模拟结果可以看出，随着周期降粘剂注入量的增加，采收率增加。因为在二氧化碳和蒸汽注入量相同的情况下，降粘剂注入量越大，与其作用的原油越多，其作用范围也越大，可以起到更好的降粘效果。但是当降粘剂注入量超过40 t后，累计产油量增加的幅度变缓，因此最终优选降粘剂周期注入量为40 t。

## ⊙ 5.5.2 二氧化碳周期注入量优选

根据数值模拟结果可以看出，随着二氧化碳周期注入量的增加，采收率明显增加。因为在降粘剂和蒸汽注入量相同的情况下，二氧化碳注入量越大，就能更好地发挥其降粘和膨胀驱油等作用。当二氧化碳周期注入量达到160 t后，累计产油量的增加幅度有所变缓，并且考虑到注入压力的问题，最终优选二氧化碳周期注入量为160 t。

### ⊙ 5.5.3  蒸汽周期注入量优选

由数值模拟结果可以看出,随着蒸汽周期注入量的增加,采收率明显增加。这是因为注入的蒸汽量越多,将有更多的热量传导给原油,使原油大幅度降粘。但是当蒸汽周期注入量超过 1 800 t 后,采收率增加幅度变缓,考虑到注汽压力的问题,最终优选蒸汽周期注入量为 1 800~2 000 t。

根据正交实验设计方案模拟结果及实验井实际注采参数,基础方案设计如下:

☆ 水平井周期注汽量  2 000 t

☆ 水平井排液量  60 t/d

☆ 油溶性降粘剂周期注入量  40 t

☆ 二氧化碳周期注入量  160 t

☆ 经济极限油汽比  一个吞吐周期内蒸汽综合成本为 420 元/吨,二氧化碳综合成本为 800 元/吨,油溶性降粘剂综合成本为 7 000 元/吨,周期作业费用在(15~35)万元之间,此处计算取 35 万元,若油价为 $ 35/bbl,人民币和美元汇率为 6.8,则一个吞吐周期内的经济极限油汽比为 0.459 9。

在优选注采参数和确定经济极限油汽比后,需要对布井的极限厚度进行优选。具体计算实施方案为设定不同的油层有效厚度进行模拟,计算对应不同有效油层厚度达到极限油汽比所用周期数,对应的布井极限厚度必须满足能够收回所有成本。其中郑 411 区块水平井单井钻井投资 540 万元/口,采油投资 155 万元/口,地面配套 120 万元/口。

☆ 布井经济极限厚度  当油层有效厚度为 4 m 时,扣除投入开采成本,净采油量为 330 t;有效厚度为 3 m 时,净采油量小于 0。因此,为了保证一定的经济效益,布井的经济极限厚度在 4 m 以上。

**参考文献**

1  Computer Modeling Group(CMG) Ltd.,Winprop™ Users Manual,Version 2005,10

# 第六章 CHAPTER 6

## HDCS强化采油关键配套技术

胜利油田的特超稠油油藏地质条件复杂,水平井工艺配套难度大,主要表现在以下几个方面:

(1)隔层薄,油水层交互,水平段上部易发生套管外窜槽;以草104东区为例,该区储层发育,油水层交互,平均隔层厚度小于6 m,最薄的隔层不足2 m,开发初期采用直井热试,虽采取多种方法提高固井质量,但仍有多口井发生管外窜槽,多次处理后无效造成报废。

(2)油层胶结疏松,易出砂,防砂难度大,有效期短;超稠油油藏原油拖曳力大,极易出砂,常规的水平井管内挂金属毡滤砂管工艺初期能有效防治出砂,但随着开发的进行,堵塞和破损较快,抑制了油井正常生产。

(3)水平井冲砂困难,解堵效果差。开发过程中,因水平井漏失和堵塞均较为严重,正常冲砂、解堵工序无法进行,大量的入井液进入地层,造成敏感性伤害。

上述因素和问题制约了HDCS强化采油技术的适用范围和应用效果。因此,在进行HDCS技术研究时,针对特超稠油水平井的固井完井、长井段水平井防砂和井筒及储层处理等3个环节,配套研究开发了薄隔层热采井先期封窜完井技术、长井段水平井管内逆向挤压砾石充填防砂和管外逆向挤压砾石充填防砂技术，以及水平井泡沫负压冲砂、解堵技术等，逐渐形成 HDCS 强化采油配套系列技术。

# $6.1$ 薄隔层热采井先期封窜完井技术

## ⊙ 6.1.1　完井固井技术问题分析

薄隔层热采稠油油藏油层薄、隔层薄，如图 6-1 所示，其地质复杂性表现在：

（1）油水关系复杂，油水层呈交互分布。

（2）油层与水层之间的隔层薄，部分隔层厚度仅有 2～6 m。

应用目前常规的完井固井技术施工，热采后极易引发套管外窜槽，分析认为，主要原因有以下几点：

（1）固井是一种胶结密封，难以在薄隔层形成一种致密、长效的层间封隔。

（2）从水泥浆到形成水泥石是一个体积收缩的过程，研究表明，水泥浆形成水泥石要收缩 5%～14%。在第一、第二胶结面易形成微间隙，成为层间窜槽通道。

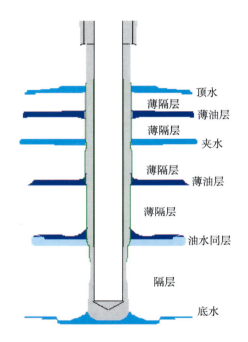

图 6-1　薄隔层、薄油层井身示意图

（3）注汽热采时高温高压极大地影响水泥环的寿命和隔离效果，严重影响水泥的胶结强度，层间窜槽更加严重。

（4）由于套管与水泥环导热系数和热膨胀系数的差异，注汽吞吐时热膨胀伸缩不同步、热膨胀比例不等，导致套管与水泥环的剥离形成新的微间隙，热采一段时间后层间窜通。同时，套管反复伸缩会造成套管疲劳破坏，注汽吞吐造成的套管伸缩是热采井套损的主要原因之一。

（5）射孔作业的震动导致水泥环破碎，使层间隔离重新串通，对薄隔层影响更为严重。

由于上述因素，薄隔层稠油藏热采井一般是 1～2 个热采周期后就引发汽窜、水窜，需要停产封堵。然后注汽吞吐又可能发生窜流，严重影响了热采效果,发生套损报废的油井又打乱了油田整体开发部署。因此,解决薄油层、薄隔层热采稠油油藏的窜槽问题,有效隔离油层和水层,将大幅度提高薄隔层稠油油藏 HDCS 技术措施成功率,延长特超稠油热采水平井寿命。

## ⊙ 6.1.2　薄隔层热采井先期封窜完井配套技术

薄隔层热采井先期封窜完井配套技术主要包括以下几项内容:水泥浆涨封套管外封隔器、套管伸缩补偿器的结构设计;井口固井工具、内管插入密封工具设计;卡位固井碰压胶塞和配套的套管短节设计;双晶体膨胀增韧水泥浆研发。最终形成了一套适合薄隔层油藏特点的水泥浆涨封套管外封隔器＋套管伸缩补偿器＋双晶体膨胀增韧水泥固井的防窜防套损完井技术,现场试验工具使用成功率100％。

### 6.1.2.1　双晶体膨胀增韧水泥技术

（1）常规固井方式的缺陷

常规油井水泥固有的缺陷是引发薄隔层水窜的原因之一,主要表现在以下两方面:

① 水泥浆凝固形成水泥石后的体积收缩导致一、二界面形成新的微间隙,是引发水窜的原因之一。研究表明,水泥浆体形成水泥石后的总体积收缩率为5％～14％,且水泥浆体体积减缩主要发生在水泥石硬化体收缩阶段。水泥浆初凝前的塑性体收缩率占总体积收缩率的0.5％～5％,水泥石硬化体收缩率占总体积收缩率的95％～99％。

② 聚能射孔导致水泥环的破裂,形成窜槽,是引发水窜的另一原因。这是由于水泥石为先天微观缺陷的脆性材料,主要存在问题有:

☆ 抗拉强度低　为抗压强度的 1/7～1/12;

☆ 抗破裂性差　极限延伸率为 0.02％～0.06％;

☆ 抗冲击强度低（按断裂功比较）　水泥石为 20～80 J（参照标准:结构钢为 500 kJ）;

☆ 弹性模量高　$10^3$～$10^4$ MPa;

☆ 抗压强度　16～35 MPa。

由于聚能射孔弹可产生 3 000～4 000 MPa 的冲击力,自然可造成水泥环破裂。

（2）双晶体膨胀增韧水泥的主要特点

为了改善常规水泥本身固有缺陷引发的薄隔层水窜,在常规水泥浆基础上进行水泥浆的配方实验,从改善水泥浆膨胀性和增韧性着手,研发了双晶体膨胀增韧水泥浆。

① 双晶体膨胀增韧水泥浆的膨胀性能。在常规水泥浆中加入不同用量的双晶体膨胀剂 F17,在不同温度和压力下对水泥浆膨胀性能进行实验评价。从表 6-1 可以看出,加入双晶体膨胀剂 F17 后,水泥浆不仅没有收缩,而且在凝固前产生不同程度的塑性膨胀,在水泥石生长阶段也产生硬化体膨胀。

表 6-1　水泥浆膨胀性能综合实验数据

| 实验条件 | | 实验 1 | 实验 2 | 实验 3 | 实验 4 | 实验 5 |
|---|---|---|---|---|---|---|
| | | 50℃,25 MPa | 65℃,30 MPa | 75℃,30 MPa | 85℃,35 MPa | 95℃,50 MPa |
| 双晶体膨胀剂用量/% | | 4.5 | 5.0 | 5.5 | 6.0 | 6.5 |
| 密度/(g·cm⁻³) | | 1.92 | 1.91 | 1.89 | 1.90 | 1.91 |
| 流动度/cm | | 29.0 | 27.0 | 29.0 | 30.0 | 28.0 |
| 析水率/% | | 0 | 0 | 0 | 0 | 0 |
| 滤失量/mL | | 64 | 58 | 38 | 22 | 39 |
| 稠化时间/min | | 119 | 121 | 68 | 126 | 177 |
| 塑性膨胀/% | 指针法 | 0.59 | 0.86 | 0.91 | 0.82 | 1.00 |
| | 量筒法 | 0.67 | 0.87 | 0.65 | 0.76 | 0.98 |
| 硬化体膨胀/% | | 0.54 | 0.78 | 0.69 | 1.02 | 1.08 |

② 双晶体膨胀增韧水泥浆的增韧性能。在常规水泥浆(配方 A0)中分别加入不同比例的纤维增韧剂 F27 和双晶体膨胀剂 F17,在不同温度和压力下对水泥浆常规指标和抗冲击强度进行实验评价(见表 6-2 和表 6-3)。由表 6-3 看出,在固井水泥凝固时间24 h、48 h 和 7 d,温度为 50 ℃、80 ℃条件下,表中配方为 A3 和 A4 的水泥石抗冲击强度是各种配方中最高的;相比常规水泥石,抗冲击强度增幅明显。

表 6-2　双晶体膨胀增韧水泥浆的常规指标

| 配方 | 添加剂/% | | 密度/(g·cm⁻³) | 流动度/cm | 凝结时间/min | |
|---|---|---|---|---|---|---|
| | F27 | F17 | | | 初凝 | 终凝 |
| A0 | 0 | 0 | 1.95 | 20 | 120 | 160 |
| A1 | 1.5 | 0 | 1.97 | 24 | 230 | 275 |
| A2 | 2.5 | 0 | 1.97 | 25 | 235 | 275 |
| A3 | 1.5 | 1.0 | 1.99 | 24 | 180 | 250 |
| A4 | 2.5 | 1.0 | 1.99 | 21 | 165 | 220 |
| A5 | 4 | 0 | 1.98 | 24 | 210 | 250 |

表 6-3　双晶体膨胀增韧水泥石试样的抗冲击强度增量

| 增量/%　条件　配方 | 50 ℃ | | | 80 ℃ | | |
|---|---|---|---|---|---|---|
| | 24 h | 48 h | 7 d | 24 h | 48 h | 7 d |
| A1 | 38.38 | 21.65 | 19.02 | 37.98 | 26.26 | 17.07 |
| A2 | 66.45 | 56.68 | 16.43 | 34.57 | 18.03 | 18.72 |
| A3 | 74.97 | 50.64 | 20.31 | 40.15 | 45.88 | 37.07 |
| A4 | 87.91 | 58.89 | 36.48 | 43.56 | 41.13 | 28.32 |
| A5 | 0.95 | 3.02 | 10.02 | −3.49 | 2.85 | 13.70 |

依据膨胀和增韧实验结果并考虑现场施工和成本因素,通过混合配伍实验研究,形成了适合胜利油田特超稠油油藏地质条件的双晶体膨胀增韧水泥浆体系:

胜维 G 级水泥＋双晶体膨胀剂 F17×4％＋失水剂 G60S×1.5％＋减阻剂 USZ×0.4％＋纤维增韧剂 F27×2％。

复配后按照水灰比 0.44 加水。

复配后的水泥浆主要性能指标如下:

☆ 水泥浆密度　1.87 g/cm$^3$;

☆ 流动度　24 cm;

☆ 流变性:见表 6-4。

表 6-4　不同剪切速率下水泥浆粘度

| 转速/(r·min$^{-1}$) | 300 | 200 | 100 | 6 | 3 |
|---|---|---|---|---|---|
| 不同转速下的表观粘度/(mPa·s) | 102 | 71 | 42 | 10 | 9 |

☆ 游离水含量　在 70 ℃、常压条件下为 0 mL;

☆ API 失水量　在 70 ℃、6.9 MPa 条件下为 35.0 mL;

☆ 稠化时间　在 70 ℃、0.1 MPa 条件下 220 min、水泥浆稠度系数 $B_c$＝2.0;

☆ 抗压强度　在凝固时间 36 h、70 ℃条件下为 26.0 MPa;

☆ 水泥石试样的抗冲击强度增量　61％。

双晶体膨胀增韧水泥浆具有下列性能特点:一是加入双晶体膨胀剂 F17后,水泥浆在凝固前和水泥石生长两个过程中都膨胀。这样既保证了强度,防止了水泥浆凝固前失重造成气侵、水侵,更有效地防止了水泥石的收缩(一般的膨胀水泥只是在凝固前膨胀)。二是在水泥浆中混入耐高温纤维增韧剂

F27,提高抗压强度和抗折强度,提高水泥石的韧性,避免射孔或作业时造成水泥环破裂,防止热采后油水层窜通。

### 6.1.2.2 水泥浆涨封套管外封窜工具

套管外封工具主要包括井口固井工具、碰压胶塞、内管碰压工具、套管伸缩补偿器和套管外封隔器等。

（1）井口固井工具主要技术参数见表 6-5。

主要作用是:连接内管和悬挂(88.9 mm 油管);通过内管固井时替代水泥头;连接套管顶部的连顶节;保证内管固井时在替浆压力或胀封封隔器的压力作用下中心管不上窜;保证胀封封隔器时中心管柱与套管连顶节的密封,形成密封憋压腔体。

表 6-5　井口工具技术参数

| 抗拉/t | 抗击/MPa | 工作温度/℃ | 测试工作压力/MPa | 内通径/mm |
|---|---|---|---|---|
| 220 | 27 | ≤300 | 40 | 76 |

（2）碰压胶塞配件结构（如图 6-2 所示）。

主要作用是:固井结束后用泥浆推动胶塞在 88.9 mm 油管替净水泥浆;顶替到特制的短套管碰压位置时实现碰压;如果浮箍、浮鞋失效,胶塞碰压后能够锁止限位,防止水泥浆回流。

图 6-2　碰压胶塞结构实拍图片

碰压胶塞的结构和试压参数为:密封处外径 56 mm;卡簧处外径 66 mm;单向皮腕外径 80 mm;密封测试压力45 MPa;卡簧定位测试回压 22 MPa。

（3）内管碰压工具（如图 6-3 所示）。

主要作用是:固井过程中插入密封可靠,水泥浆不会进入内管与套管的环空,实现水泥浆涨封;能够承受内管柱的重量;胀封隔器时,能够承受高压载荷。

内管碰压工具结构和试压参数:密封插头外径 80 mm;短套管内腔密封处内径 83 mm;短套管内腔非密封处内径 103 mm;短套管外径 177.8 mm;卡簧

定位测试回压 22 MPa;短套管内腔结构承受载荷 70 t;短套管抗拉载荷 120 t;单向密封测试压力 45 MPa。

（上）内管插入密封接头结构实拍图片　（下）密封短套管结构实拍图片

图 6-3　内管碰压工具结构图

（4）对常规套管伸缩补偿器的结构进行改进,克服了常规补偿器被水泥固死的缺陷。

改进后的套管伸缩补偿器一端(伸缩端)外敷约 500 mm 的胶皮。胶皮的作用是固井时隔离水泥浆与套管伸缩补偿器的伸缩部位,注汽时的高温使胶皮炭化,为伸缩提供了自由滑动的空间,避免水泥浆固死伸缩端的危险,克服常规补偿器被水泥固死而失效的缺陷。套管伸缩补偿器性能结构参数见表 6-6。

表 6-6　套管伸缩补偿器主要性能结构参数

| 抗拉/t | 抗击/MPa | 工作温度/℃ | 测试工作压力/MPa | 内通径/mm | 最大外径/mm | 伸缩量/mm |
|---|---|---|---|---|---|---|
| 266 | 27 | ≤400 | 20 | 160 | 219 | 500 |

（5）对常规套管外封隔器的结构进行了改进,利用水泥浆进入封隔器胶筒内部空间,挤压胶筒,实现座封和水泥浆固化后的永久封堵,能够封隔不规则井壁。

主要特点是:改变挠性钢片为金属丝网状设计,保证强度的同时,使封隔器胶筒能够胀封贴紧不规则井壁;控制阀流道直径由常规的 3～5 mm 增大到 6 mm,利于水泥浆进入封隔器的膨胀腔;控制阀系统装置放在封隔器顶部,从而能在真实的环空压力下运动;双套控制阀系统加压力平衡阀,最大限度地保证了其工作的可靠性。同时,改变了制造封隔器的材质,延长了工具的使用寿命。

该技术通过改善水泥浆特性、设计专用防窜工具改善固井质量,取得良好效果。自 2007 年以来,现场实施 50 余井次,最长生产时间达到 2 年以上,未发生一口井管外串槽。

# *6.2* 水平井泡沫流体增产技术

泡沫流体在油气田开发中的应用始于 20 世纪五六十年代。近年来,由于国内油气田相继进入开发的中后期,以及低压、低渗、稠油等难动用储量所占比例的增加,泡沫流体在油气田开发中的应用越来越多。相对于直井来说,水平井的冲砂及解堵要困难得多,而应用泡沫流体技术则可以使这一问题得以有效解决。

## ⊙ 6.2.1 泡沫流体基本性能

泡沫流体是由不溶性或微溶性的气体分散于液体或固液混合流体中所形成的分散体系。泡沫流体的物性参数与很多因素有关,在相同的起泡液体系中,其物性参数主要受泡沫质量的影响。泡沫质量(亦称为泡沫干度、泡沫特征值)是指一定温度和压力下,单位体积泡沫中气体体积所占的百分比。泡沫质量的变化会影响到泡沫的各项性能参数,比如泡沫半衰期、悬浮性、稠度系数及流变指数等,不同目的的应用需要控制不同的泡沫质量。

(1)泡沫排砂性能[1]

由于贾敏效应的存在,泡沫在地层渗流过程中具有较高的渗流阻力,因此对砂粒也具有较强的拖曳力。图 6-4 是泡沫与模拟地层水在渗流过程中的携砂能力对比。

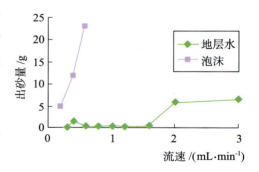

图 6-4　模拟地层水与泡沫携砂
能力对比曲线

在用模拟地层水驱替过程中,流量小于 0.4 cm³/min 时,填砂岩心出口端没有砂粒被携带出来;当流量为 0.4～1.6 cm³/min 时,只在刚变换流量的前 10 cm³ 左右的产出液中携带有砂粒;当流量大于 2 cm³/min 时,则在整个测量过程中都有砂粒产出。

在泡沫驱过程中,出口端只要有泡沫流出,大量砂粒就会一同涌出,基本上泡沫与砂粒是成团状流出。在驱替速度为 0.6 cm³/min 时,排出的 25 cm³ 泡沫中石英砂含量高达 23.1 g。

由图 6-4 可以看出,泡沫在地层中对砂粒的携带能力比模拟地层水要大

得多,分析其原因主要有以下 3 个方面:

① 泡沫的表观粘度比水要大得多,对砂粒的拖曳力增大;

② 贾敏效应的存在增大了流动阻力,同时增大了泡沫对砂粒的拖曳力;

③ 最主要的是,泡沫在出口处的膨胀而产生的助排作用致使砂粒被大量排出。

(2)泡沫对砂粒的悬浮性能[2]

由于砂粒在泡沫流体中的沉降速度很小,很难用实验方法直接测量。一般采用落球法测量泡沫流体的粘度,利用粘度数值反算得到不同直径的砂粒的沉降速度。图 6-5 是不同泡沫质量下泡沫流体的粘度。

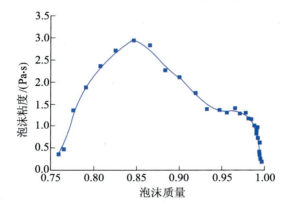

图 6-5　泡沫粘度与泡沫质量的关系

泡沫流体的粘度随着泡沫质量的增加,先增大后减小,当泡沫质量为 0.85 左右时,泡沫粘度具有最大值。利用测得的泡沫流体粘度,可以得到不同直径的砂粒在静态泡沫中的沉降速度,如图 6-6 所示。

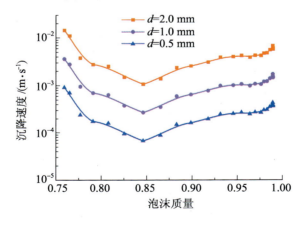

图 6-6　砂粒沉降速度与泡沫质量的关系

可以看出,泡沫的携砂能力很强,砂粒在泡沫中的沉降速度很小。砂粒直径对砂粒沉降速度影响较大,直径为 0.5 mm 的砂粒的沉降速度为 $10^{-5} \sim 10^{-4}$ m/s 的数量级,几乎可以悬浮在泡沫中,而直径为 2 mm 的砂粒沉降速度最大为 $10^{-2}$ m/s 的数量级。因此,一般地层出砂几乎可以忽略,因此在返排阶段基本上不考虑砂粒的沉降问题。这对于水平井泡沫冲砂、混排解堵来说是十分重要的。

## ⊙ 6.2.2　井筒中泡沫流体流动数学模型的建立[2]

根据泡沫流体自身的特性,可建立泡沫井筒循环流动的数学模型,来进行井筒泡沫流体参数的计算,进而优化现场施工参数。

（1）井筒内泡沫流体温度分布的数学模型

井筒内的流体热交换过程比较复杂,油管内泡沫流体与环空内流体发生热交换,而环空内流体不但通过油管与注入液发生热交换,而且通过套管和水泥环与地层岩石发生热交换,所以进行了分别研究。

① 油管内泡沫流体温度参数计算

油管内的泡沫流体仅与环空中的流体发生热交换,能量方程的形式为:

$$dq = -C_f dT = \frac{2\pi R_{ti} h_1 (T_1 - T_2)}{W_1} dz \tag{6-1}$$

式中:$q$——换热量,J/kg;

　　　$T_1$——油管内泡沫液温度,℃;

　　　$T_2$——环空泡沫液温度,℃;

　　　$R_{ti}$——油管内半径,m;

　　　$W_1$——泡沫液质量流量,kg/s;

　　　$z$——井筒深度,m;

　　　$C_f$——泡沫流体的比热容,kJ/(kg·℃);

　　　$h_1$——油管传热系数,W/(m²·K),其数值应该由实验确定,也可以由努塞尔数计算:

$$Nu = 0.910 Re^{0.870} Pr^{1/3} v_F^{0.14} \Delta^{1/3} \tag{6-2}$$

式中:$Nu$,$Re$,$Pr$——分别为努塞尔数、雷诺数、普朗特数,无量纲;

　　　$v_F$——泡沫流体流速,m/s;

　　　$\Delta$——幂律行为的修正项,$\Delta = \frac{3n+1}{4n}$;

　　　$n$——泡沫流体的幂指数。

变换式(6-1)得到关于油管内泡沫流体温度的微分方程：

$$\frac{\mathrm{d}T}{\mathrm{d}z}=\frac{2\pi R_{ti}h_1(T_2-T_1)}{W_1C_f}\tag{6-3}$$

② 环空内泡沫流体温度参数计算

油套环空中的泡沫流体不但和油管内的泡沫流体发生热交换，而且随着时间变化，也和周围地层发生热交换，与地层之间的热交换为：

$$\mathrm{d}q=\frac{2\pi}{W_2}\frac{\lambda_r R_{ti}h_2(T_1-T_2)}{\lambda_r+R_{ci}h_2f(t)}[T_2-(T_0+g_Tz)]\mathrm{d}z\tag{6-4}$$

式中：$W_2$——环空混合液质量流量，kg/s；

$h_2$——套管传热系数，W/(m² · K)；

$R_{ci}$——套管半径，m；

$T_0$——地面温度，℃；

$g_T$——地层温度梯度，℃/(100 m)；

$f(t)$——无因次时间函数，确定方法如下：

$$f(t)=0.982\,1\ln\left[1+\frac{1.81\sqrt{at}}{R_{wb}}\right]\tag{6-5}$$

式中：$a$——地层导温系数，m²/s；

$R_{wb}$——井眼半径，m；

$t$——混排作业时间，s。

环空混合液与外界的热量交换等于其与油管泡沫液和地层的热交换之和，即：

$$\mathrm{d}q=\frac{2\pi R_{ti}h_1(T_1-T_2)}{W_1}\mathrm{d}z+\frac{2\pi}{W_2}\frac{\lambda_r R_{ti}h_2(T_1-T_2)}{\lambda_r+R_{ci}h_2f(t)}[T_2-(T_0+g_Tz)]\mathrm{d}z$$

$$\tag{6-6}$$

变换式(6-6)得到关于环空内泡沫流体温度的微分方程：

$$\frac{\mathrm{d}T}{\mathrm{d}z}=\frac{2\pi R_{ti}h_1(T_2-T_1)}{W_1C_f}+\frac{2\pi}{W_2C_f}\frac{\lambda_r R_{ti}h_2(T_1-T_2)}{\lambda_r+R_{ci}h_2f(t)}[T_2-(T_0+g_Tz)]\tag{6-7}$$

由式(6-3)、式(6-7)建立微分方程组，得到泡沫在井筒和环空内流动时的温度分布模型，根据质量守恒和边界条件得到以下方程：

$$W_2=W_1+W_s\tag{6-8}$$

$$\begin{cases}z=0\ \text{时}，T_1=T_{10}\tag{6-9}\end{cases}$$

$$z=z_w\ \text{时}，T_1=T_2\tag{6-10}$$

式中：$W_s$——砂子的质量流量，kg/s；

$T_{10}$——地面泡沫液温度，℃；

$z_w$——井筒深度,m。

(2)井筒内泡沫流体压力分布的数学模型

计算泡沫的温度场时需要流体的对流换热系数,而对流换热系数与泡沫的流速有关,也就是和泡沫的压力场有关,所以要进行压力场的求解。泡沫冲砂洗井压力分布的数学模型基于质量守恒方程与动量守恒方程,油管内只有泡沫流体,沿油管向下运动;环空内有泡沫流体和砂粒两相,沿环空向上运动,具有不同的流动规律,所以进行了分别研究。

① 油管内泡沫流体压力计算

质量守恒方程:

$$\frac{d(\rho_g Q_g + \rho_L Q_L)}{dz} = 0 \tag{6-11}$$

动量守恒方程:

$$\frac{dp}{dz} = \left(\frac{dp}{dz}\right)_f + \left(\frac{dp}{dz}\right)_g + \left(\frac{dp}{dz}\right)_{ac} \tag{6-12}$$

泡沫流体的摩阻压降:

$$\left(\frac{dp}{dz}\right)_f = \frac{2 f_F \rho_F v_F^2}{D} \tag{6-13}$$

泡沫流体的重力压降:

$$\left(\frac{dp}{dz}\right)_g = -\rho_F g \sin\theta \tag{6-14}$$

泡沫流体的流速:

$$v_F = \frac{Q_g + Q_L}{A} \tag{6-15}$$

泡沫质量:

$$\Gamma = \frac{Q_g}{Q_g + Q_L} \tag{6-16}$$

泡沫流体的摩擦系数:

若 $Re \leqslant Re_c$,则 $f_F = \dfrac{16}{Re}$ $\tag{6-17}$

若 $Re > Re_c$,则 $\sqrt{\dfrac{1}{f_F}} = \dfrac{4}{n^{0.75}} \lg[Re \cdot f_F^{(1-n/2)}] - \dfrac{0.40}{n^{1.2}}$ $\tag{6-18}$

其中
$$Re = \frac{\rho D^n v_F^{2-n}}{\frac{K}{8}\left(\frac{6n+2}{n}\right)^n} \tag{6-19}$$

$$Re_c = 3\,470 - 1\,370n \tag{6-20}$$

式中：$\rho_g$，$\rho_L$ ——泡沫中气体和液体的密度，$kg/m^3$；

$Q_g$，$Q_L$ ——泡沫中气体和液体的体积流量，$m^3/s$；

$\left(\dfrac{dp}{dz}\right)_f$ ——泡沫流体的摩阻压降，$Pa/m$；

$\left(\dfrac{dp}{dz}\right)_g$ ——泡沫流体的重力压降；

$\left(\dfrac{dp}{dz}\right)_{ac}$ ——泡沫流体的加速压降，一般很小，可以忽略不计，$Pa/m$；

$\theta$ ——管路倾角，$(°)$；

$f_F$ ——泡沫流体与管壁的摩擦系数。

② 环空内泡沫流体压力计算

质量守恒方程：

$$\frac{d(\rho_g Q_g + \rho_L Q_L + \rho_s Q_s)}{dz} = 0 \tag{6-21}$$

动量守恒方程：

$$\frac{dp}{dz} = \left(\frac{dp}{dz}\right)_f + \left(\frac{dp}{dz}\right)_g + \left(\frac{dp}{dz}\right)_{ac} \tag{6-22}$$

泡沫流体的摩阻压降：

$$\left(\frac{dp}{dz}\right)_f = \frac{2 f_m \rho_m v_m^2}{D_2 - D_1} \tag{6-23}$$

泡沫流体的重力压降：

$$\left(\frac{dp}{dz}\right)_g = \rho_m g \sin\theta \tag{6-24}$$

泡沫流体的摩擦系数：

$$f_m = f_F + f_s \tag{6-25}$$

若 $Re \leqslant Re_c$，则 $f_F = \dfrac{24}{Re}$ $\tag{6-26}$

若 $Re > Re_c$，则 $\sqrt{\dfrac{1}{f_F}} = \dfrac{4}{n^{0.75}} \lg[Re \cdot f_F^{(1-n/2)}] - \dfrac{0.40}{n^{1.2}}$ $\tag{6-27}$

其中

$$Re = \frac{\rho (D_2 - D_1)^n v_m^{2-n}}{12^{n-1} K \left(\dfrac{2n+1}{3n}\right)^n} \tag{6-28}$$

如果砂粒是砂岩和石灰岩的混合物，则：

$$f_s = \frac{39.36}{Re^{0.990\,7}} \left(\frac{102 v_F^2}{D_s}\right)^{0.029\,6} \left(\frac{\rho_s}{\rho_F}\right)^{0.140\,3} \left(\frac{Q_s}{Q_m}\right)^{0.384\,4} \tag{6-29}$$

如果砂粒是砂岩，则：

$$f_s = \frac{94.019}{Re^{0.972\,1}} \left( \frac{D_s}{102 v_F^2} \right)^{0.075\,25} \left( \frac{\rho_s}{\rho_F} \right)^{0.132\,77} \left( \frac{Q_s}{Q_m} \right)^{0.424} \tag{6-30}$$

如果砂粒是石灰岩,则:

$$f_s = \frac{1.279}{Re^{0.569\,7}} \left( \frac{D_s}{102 v_F^2} \right)^{0.313\,326} \left( \frac{\rho_s}{\rho_F} \right)^{0.702\,89} \left( \frac{Q_s}{Q_m} \right)^{0.206\,57} \tag{6-31}$$

式中:$v_m$——泡沫流体和砂粒混合物的平均流速,m/s;

$Q_s$——砂粒的体积流量,$m^3/s$;

$Q_m$——泡沫和砂粒的总体积流量,$m^3/s$;

$\rho_s$——砂粒的密度,$kg/m^3$。

(3)泡沫流体的状态方程

$$p = \rho_F(a + bp) \tag{6-32}$$

方程(6-32)中系数的表达式见表6-7。

表6-7　方程(6-32)中的系数

| 系数 | 油管 | 环空 |
|---|---|---|
| $a$ | $a = \dfrac{w_G z R T}{M}$ | $a = \dfrac{w_G z R T}{M}$ |
| $b$ | $b = \dfrac{1 - w_G}{\rho_L}$ | $b = \dfrac{w_L}{\rho_L} + \dfrac{w_s}{\rho_s}$ |

注:$z$——实际气体的压缩因子,无量纲;$M$——气体摩尔质量,kg/mol;$R$——通用气体常数,一般取 8.314 J/(mol·K);$w_G$,$w_L$,$w_s$——分别为气体、液体和砂粒的质量分数,小数。

(4)泡沫流体的流变关系

泡沫流体在不同泡沫质量时流变参数的变化由表6-8给出。

表6-8　泡沫质量与广义流体稠度系数流变指数的关系

| 泡沫质量 | 广义流体稠度系数/(Pa·s$^n$) | 流变指数 |
|---|---|---|
| 96%<$\Gamma$≤98% | $K_a' = 4.529$ | $n = 0.326$ |
| 92%<$\Gamma$≤96% | $K_a' = 5.880$ | $n = 0.290$ |
| 75%<$\Gamma$≤92% | $K_a' = 34.330\Gamma - 20.732$ | $n = 0.773\,4 - 0.643\Gamma$ |
| 65%<$\Gamma$≤75% | $K_a' = 2.538 + 1.302\Gamma$ | $n = 0.295$ |

(5)边界条件

在泡沫流体施工时,井口泡沫流体的流量保持为定值,井口注入压力保持为定值。

$$p_{井口} = const \tag{6-33}$$

$$Q_{g井口} = const \tag{6-34}$$

$$Q_{L井口} = const \tag{6-35}$$

（6）携砂能力

在竖直井段泡沫流体的流速应该满足以下条件：

$$v_F \geqslant 1.1\, v_t \tag{6-36}$$

式中：$v_t$——砂粒的沉降速度，m/s。

一般认为泡沫流体为幂律非牛顿流体，颗粒在幂律液体中的沉降速度公式为：

$$v_t = \left[ \frac{gD_s^{n+1}}{18KC_x}(\rho_S - \rho_F) \right]^{\frac{1}{n}} \tag{6-37}$$

$$C_x = 1.024\,31 + 1.447\,98n - 1.472\,29n^2 \tag{6-38}$$

式中：$K$——泡沫流体的稠度系数，无因次；

$n$——幂指数，无因次；

$D_s$——砂粒直径，m；

$g$——重力加速度，m/s$^2$。

### ⊙ 6.2.3　泡沫流体技术在水平井上的应用

（1）地面生成氮气泡沫调剖技术改善蒸汽吞吐井开发效果

针对蒸汽吞吐高温高压以及目前高温泡沫剂常温下不起泡的特性，室内实验研究配制出在常温—高温条件下均能发泡的混合溶液，设计了地面混气起泡注入流程。在地面将混合泡沫剂溶液与氮气充分混合，形成常温泡沫。地面形成的连续泡沫注入到油层后，注蒸汽伴注氮气，地层中的泡沫遇到高温破裂，同时氮气与高温泡沫剂反应生成新的泡沫，地层中的泡沫始终保持较高的泡沫质量和连续性。

氮气泡沫进入油层后，起到了如下作用：

① 泡沫剂是亲水的表面活性剂，大部分进入高含水区域。由于气泡的"贾敏效应"或"气阻效应"，气泡封堵水层、大孔道，对油层起到了暂堵调剖作用，使注入的蒸汽波及平面和纵向上未动用和低动用区域，有效提高蒸汽的热波及体积，达到降水增油的效果。

② 向油井较长时间高压、大排量注入氮气，近井区域快速升压。注入气体不但弥补近井带压力亏空，还形成升压漏斗，促使近井带水锥下移。

③ 注入及关井期间，由于重力分异作用，纵向上气体上移，油、水下移，形成次生气顶及新的气油、油水界面，近井带形成原油富集区域。

采用地面生成氮气泡沫调剖技术实施 50 余井次,有效率 80% 以上,平均单井措施增油 300 t 以上,周期间递减大幅度降低,在胜利油田草 104、郑 411、草 128 等区块应用后,单元含水上升率从 5% 下降至 1%,综合递减由 22% 下降至 7%。

(2)泡沫混排储层改造技术,改善近井地带渗流状况

泡沫混排储层改造技术,主要是利用泡沫流体低密度、高粘度、携砂能力强等特性,在短时间内对油层反复泡沫吞吐,负压作用使得近井地带的粉细砂、泥质及其他堵塞物被运移到井筒,并通过循环混排,达到解除近井地带复合堵塞、完善射孔炮眼的目的。同时结合高压砾石充填防砂,提高了砾石充填防砂效果,进一步改善近井地带渗流状况,达到降低注汽压力,提高渗流能力的效果。

泡沫混排储层改造技术主要有以下优点:

① 泡沫流体密度低,能够在地层能量不足的条件下有效地建立循环,而且泡沫密度容易调节,能够方便地控制井底压力。

② 泡沫的压缩系数大,助排性能好,返排过程中易于提高井底压差,提高泡沫返排效果。

③ 泡沫粘度高,携砂能力强,在返排过程中可以将近井地带的堵塞物连同部分地层砂一同带出,从而改善了近井地带的渗流能力。

④ 由于井底压力迅速降低,加上注入地层部分泡沫的膨胀作用,井底压差较大,注入地层的泡沫携带砂粒从炮眼中高速射出,从地层向井筒对炮眼进行完善,这是其他工艺措施所难以完成的。

自 2006 年以来,在草桥油田、王庄油田等区块实施泡沫流体解堵措施 500 余井次,取得了明显的增产效果,采用该工艺结合高压砾石充填防砂技术,将近井地带细粉砂以及泥质替换为分选均匀的砾石,显著改善了近井地带的渗流状况,防砂后平均周期油气比提高 0.15。

(3)泡沫冲砂洗井技术减少污染并有利于解除堵塞

水平井、低压井及敏感性地层出砂以后,采用水冲砂时常常不能有效地建立循环,漏失量大,有的井甚至只进不出,对地层造成严重污染。特别是对于带病生产的水平井,由于生产井段长、漏失严重,加之不断出砂,常规冲砂方式不仅难以达到目的,甚至可能出现井下事故。采用泡沫冲砂,可以控制泡沫流体的密度在 $0.2 \sim 0.9$ g/cm³ 之间,能够有效控制液柱压力,建立合理的油套循环,同时泡沫的携砂能力比水大得多,从而完成彻底的冲砂,达到无漏失冲砂洗井的效果,大大减弱了入井液污染问题,很好地保持油井的正常生产。

泡沫冲砂洗井技术的主要优点有：

① 泡沫密度低且方便调节，便于控制井底压力，可以有效减少入井液漏失，降低对地层的污染。

② 粘度高，携砂能力强，能够彻底冲砂。

③ 液相成分少，滤失量低，减少滤失造成的伤害。

该技术配套完善后，先后进行了200余井次的水平井冲砂施工，施工成功率100%，未出现一起井下事故，完成了长水平段强漏失井冲砂、严重出砂水平井、套管错断水平井冲砂等各种复杂井况的冲砂解堵任务。

（4）泡沫酸洗技术提高水平井投产效果

郑411区块采用水平井开发，部分油井采用了滤砂管裸眼完井，酸洗解除钻井泥饼污染是投产的一项重要工序。针对水平井段长、不均质、易漏失、返排差，以及稠油酸化后极易形成有机残渣等问题，开发了水平井泡沫酸洗工艺。首先设计了水平井酸洗井下管柱，保证入井酸液能全面均匀接触裸眼井壁，返出通道畅通；其次，室内研究配制了配伍性较高的酸液体系，既保证酸化效果，又减少二次污染几率。根据油井的油层压力状况，设计合理的泡沫酸密度，对油井实施泡沫酸洗投产，有效解除钻井污染，同时泡沫较高的粘度将近井地带的运移颗粒携带出井筒，进一步疏通了近井油层，较低的密度使入井液的返排率高，达到提高投产效果的目的。

泡沫酸洗技术的主要优点有：

① 泡沫的贾敏效应可实现暂堵，达到全井段均匀布酸的目的。

泡沫液通过储集层孔喉时产生阻力效应——"贾敏效应"或"气阻效应"，能对未污染段和已解堵井段进行暂堵，实现全井段均匀布酸，解除污染堵塞的目的。

② 泡沫液粘度大，携带能力强。

水的粘度为0.77 mPa·s，泡沫视粘度最大可达800 mPa·s，远远高于常规注入流体的粘度，泡沫流体动切力较大，可以很好地清洗井壁，携带固相颗粒的能力强，在较低的返速下就能将污染物携带出来。

③ 泡沫流体密度低，方便调节，便于控制井底压力。

泡沫流体可降低井筒流体密度，使井筒液柱压力与地层压力持平，可在漏失严重的油井上实现正常作业。

④ 泡沫助排性能好，对地层伤害小。

采用该工艺与水平井筛管完井及管外挤压砾石充填防砂技术配合，最大程度地解放了油层，对比常规酸洗投产的水平井，平均周期油气比由0.68上升到了 0.91，效果十分显著。

以上几项泡沫流体增产技术经过不断实践和完善，已逐步形成了水平井泡沫流体增产系列技术，并得到广泛应用，2008 年"氮气泡沫增产理论及应用研究"获得中国石油与化工协会科技进步一等奖。

## 6.3 长井段水平井挤压砾石充填防砂技术

国内外研究资料表明，水平井砾石充填防砂与其他防砂方式相比，具有更大的优越性，尤其对于浅层稠油油藏，砾石充填是水平井首选的完井方式。国内从 20 世纪 90 年代初期开始水平井砾石充填物理和数值模型的研究工作，取得了大量的成果，但由于水平井砾石充填的复杂性和风险性，2006 年以前国内还没有形成工业应用规模。

根据油藏模拟结果，HDCS 强化采油技术的开发技术界限中水平段长度为 200 m，国内大于 100 m 水平段常规水平井防砂技术有套管完井挂金属毡滤砂管防砂、筛管完井两种方式。但是在使用中发现，对于采用蒸汽吞吐开发方式的水平井来说，上述两种方式完善程度差、有效期较短。统计已实施的 14 口井中，不到 2 年已经有 3 口井出现了较为严重的出砂问题。而砾石充填防砂技术的应用一般在 100 m 以下的水平段。为了满足 HDCS 强化采油技术的需要，提高防砂效果，在水平井砾石充填防砂工艺上进行了新技术的尝试和探索，研发了长井段（＞200 m）水平井管内逆向挤压砾石充填防砂技术，并在现场推广应用；试验应用了长井段（＞200 m）水平井管外逆向挤压砾石充填防砂技术。

### ⊙ 6.3.1 长井段水平井管内逆向挤压砾石充填防砂技术

（1）技术优势

① 采用砾石充填方式，与常规管内悬挂金属毡滤砂管相比，充填砾石可以有效穿透钻井造成的污染带，在近井地带形成高渗透的人工砂墙。

② 水平井悬挂金属毡滤砂管完井方式易出现较为严重的出砂问题，而且处理难度极大。采用挤压砾石充填防砂，改变原来只有一级滤砂管挡砂屏障为地层充填砂、环空充填层和精密滤砂管，提高防砂效果，减弱了流体携带粉细砂对筛管的冲击，大大延长了筛管的使用寿命，同时提高了近井地带渗透率。

③ 国内外资料显示，热采水平井套管变形几率远大于冷采水平井。采用

充填防砂后,连续稳定的三级支撑砂墙能够对射孔段套管起到很好的支撑,在连续蒸汽吞吐开采中保护套管,减少套变发生的几率。

④ 采用逆向充填方式,提高水平段趾部的地层渗透率,从而改善水平井动用不均的问题,能充分挖掘水平段趾部潜力。

（2）工具及参数优化

① 充填方向选择

根据国内外资料,长井段水平井开发中存在严重的不均衡动用,特别是采用蒸汽吞吐开发的水平井,趾部几乎得不到动用,因此从改善水平井段动用的角度出发,研发逆向充填防砂装置,使充填砂从水平井趾部进行充填施工,重点改造水平段趾部油层,降低地层渗流阻力,提高动用率。

② 工具优化

通过技术研究,对长井段水平井管内逆向挤压砾石充填防砂工具进行了优化设计,充填防砂工具结构如图 6-7 所示,设计参数见表 6-9。

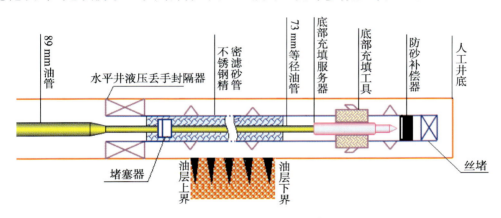

图 6-7　长井段水平井管内逆向挤压砾石充填防砂管柱示意图

工具优化情况如下:

☆ 滤砂管选择:对割缝筛管、金属棉滤砂管、预充填防砂管、绕丝筛管、不锈钢精密滤砂管等多种防砂筛管进行筛选,认为不锈钢精密滤砂管性能最优,优选推荐 120 mm 的不锈钢精密滤砂管。

☆ 挡砂精度选择:目前非均质油藏常用的标准为 $D=d_{60}$,如果油藏的均质程度较高,可考虑采用较粗的挡砂精度。

☆ 逆向充填装置优化:采取逆向充填方式,携砂液流在充填服务器内会产生 180° 的转向,高压高速的携砂液流容易对工具及地层造成破坏,为此在水力动力学研究实验的基础上,开发了抛物线形流道,并在外部设置了集流保护罩,一方面减少了充填砂的破碎,另一方面保证了工具的可靠性。

☆ 充填服务器管柱优化:采用三级锥形密封确保插入段密封效果,采用堵塞器提高水平井循环充填密实度,采用 73 mm 油管作为充填服务器管柱,可满足大排量施工要求。

表 6-9 现场应用管柱组合

| 序号 | 名称 | 外径/mm | 内径/mm | 上端螺纹 | 下端螺纹 |
|---|---|---|---|---|---|
| 防砂管柱 | | | | | |
| 1 | 丝堵 | | | $3^1/_2$"TBG | |
| 2 | 防砂补偿器 | 114 | 76 | $3^1/_2$"TBG | $3^1/_2$"TBG |
| 3 | 套管短节 | 139.7 | 121 | $5^1/_2$"LCSG | $5^1/_2$"LCSG |
| 4 | 扶正器 | 150 | 90 | | |
| 5 | 扶正器 | 150 | 103 | | |
| 6 | 水平井逆向充填防砂装置 | 125 | 65 | 4"TBG | $3^1/_2$"TBG |
| 7 | 不锈钢精密滤砂管 | 120 | 89 | 4"TBG | 4"TBG |
| 8 | 水平井液压丢手封隔器 | 150 | 103 | $2^7/_8$"TBG | 4"TBG |
| 防砂服务器管柱 | | | | | |
| 1 | 逆向充填防砂服务器 | 78 | 50 | $2^7/_8$"TBG | $2^7/_8$"TBG |
| 2 | 73 mm 油管 | 73 | 62 | $2^7/_8$"TBG | $2^7/_8$"TBG |
| 3 | 堵塞器 | 90 | 62 | | |

③ 携砂液优选

为满足高砂比施工要求,对携砂液的要求是干净清洁,粘度范围为 50～80 mPa·s,且以表面活性剂为主体,残留率极低,返排率高,适合水平井充填防砂采用。可避免热污水携砂能力弱、胍胶残留物多的缺点。

④ 充填砂优选

根据 Saucier 公式 $D_{50} = (5～6)d_{50}$ 准则,计算充填砂粒径范围。当计算粒径范围不能完全处于产品粒度范围之内时,原则上选取大一级的产品。

由于采用的逆向充填工具,在高流速、高砂比、高速转向的条件下,石英砂破碎率高,选择轻质陶粒砂作为充填砂,对于粉细砂含量高的油藏,还能大幅度降低渗滤堵塞。

⑤ 施工参数优化

☆ 排量优化:采用 73 mm 油管作为充填服务器管柱通道,基本不受流量限制,根据具体油层进行模拟,确保不压穿隔层的条件下,尽可能提高排量。

☆ 施工砂比优化:根据不同区块油藏特点,确定不同区域的安全砂比,采用阶梯拟线性加砂方式,尽量减少前置液量及低砂比时间,延长安全高砂比充填时间,最后实现循环充填。

☆ 充填砂量优化:按照国内外相关文献,人工砂壁需大于 0.5 m,按水平井下相位射孔 120°计算铺砂空间,考虑层内非均质性,砂量按理论值的 1.2～1.5 倍准备。

（3）现场应用效果

坨 826-p1 井是坨 826 块第一口 HDCS 强化采油技术试验井。该井原油密度1.01 g/cm³,原油粘度 8 958 mPa·s(80 ℃),油藏埋深 1 350 m,地层砂粒度中值0.23 mm。该井射开水平段长 165 m,设计精密滤砂管长 170 m,采用挤压砾石充填防砂注汽投产。

① 施工管柱设计

管柱自下而上为丝堵＋防砂补偿器＋油管短节＋逆向充填装置＋短节＋精密滤砂管＋短套管＋信号筛管＋短节＋水平井空心桥塞组成(如图 6-8 所示)。

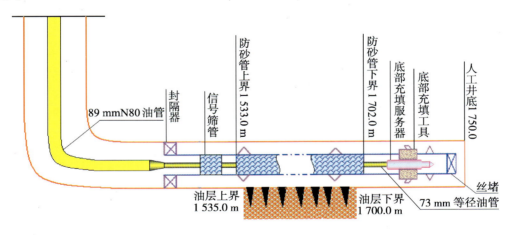

图 6-8　坨 826-p1 井水平段砾石充填设计施工管柱图

② 施工情况及应用效果分析

该井油层段地层砂粒度中值 0.15 mm,因此选用 0.45～0.9 mm 陶粒砂作为支撑剂,防砂施工起步排量 2.0 m³/min,压力升至 22 MPa,缓慢提升排量至 2.5 m³/min,压力逐渐回落到 17.5 MPa 基本稳定;挤入前置液 20.7 m³后开始加砂,砂比 5%～52%,压力 17.5 MPa→15.0 MPa→15.8 MPa→12.2 MPa,完成地层充填及循环充填施工。累计加砂 52 m³,携砂液 195 m³,

平均砂比26%（如图6-9所示）。

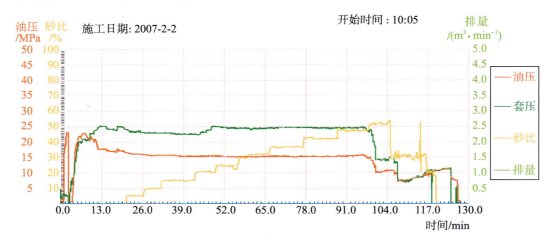

图 6-9  坨826-p1井压力—流量—砂比曲线

该井采用 HDCS 强化采油技术，第一周期注汽 1 651 t，注汽压力 15.9～18.9 MPa，生产峰值油量 42 t/d，平均产油量 17.7 t/d，累计采油 2 128 t，油汽比 1.29。第二周期注汽 1 509 t，周期生产 184 d，累计产油 2 668 t，周期油汽比 1.77。可见，第二周期生产效果好于第一周期（如图 6-10 所示）。在此之前该区试油试采一直不能获得经济产能，油汽比均小于 0.2。该井的成功实施，标志着坨 826 区块已具备整体开发的条件。

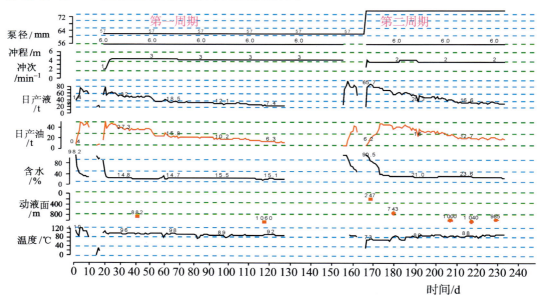

图 6-10  坨826-p1井采油曲线

据统计，长井段水平井管内逆向挤压砾石充填防砂技术已在胜利油田、冀东油田等地实施 50 余井次，取得了良好的防砂、增产效果。

## ⊙ 6.3.2　长井段水平井管外逆向挤压砾石充填防砂技术

（1）筛管完井管外挤压砾石充填技术优势

① 在钻完井眼后，套管直接带着防砂管（内径与套管相同）下入，管柱下到位后，只对下套管的井段进行（挤水泥）固井，而对防砂管所在井段（油层段）不固井，杜绝了水泥对油层的污染。

② 采用筛管完井是套管射孔完井渗流面积的 200 倍，筛管筛缝总面积是套管射孔面积的 50 倍左右，能够将油层和井筒之间的渗流面积最大化，不仅能大幅度提高产量，提升油田最终采收率，还能有效地控制油层出砂。

③ 渗流面积的增大为提高单井吸汽能力和单井产量奠定了基础。

④ 逆向充填方式提高了水平井段动用的均匀度，减缓了边底水突进。

⑤ 采用合理的充填方式可以将钻井期间造成的泥饼等伤害降至最低。

⑥ 可实现三级防砂与井壁支撑，大幅度延长防砂有效期。

（2）管外挤压砾石充填防砂的参数设计

采用筛管完井管外挤压砾石充填防砂工艺，多个参数的设计与水平井长井段管内挤压砾石充填技术相同。不同点主要有以下几点：

① 完井结构及工具设计优化

采用以下管串结构（自下而上）实现油层部分不固井及套管、防砂管两级补偿的技术思路（见图 6-11、表 6-10）。

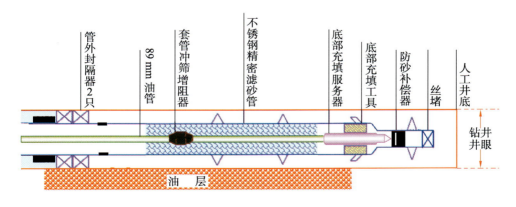

图 6-11　长井段水平井管外逆向挤压砾石充填防砂管柱示意图

表 6-10　套管外充填防砂主要产品及技术参数

| 序号 | 名称 | 外径/mm | 内径/mm | 上端螺纹 | 下端螺纹 |
|---|---|---|---|---|---|
| 防砂管柱（随套管下入） | | | | | |
| 1 | $5^1/_2$"丝堵 | | | $5^1/_2$"LCSG | |
| 2 | 防砂补偿器 | 178 | 121 | $5^1/_2$"LCSG | $5^1/_2$"LCSG |
| 3 | 套管短节 | 139.7 | 121 | $5^1/_2$"LCSG | $5^1/_2$"LCSG |
| 4 | 扶正器 | 233 | 141 | | |
| 5 | 扶正器 | 233 | 180 | | |
| 6 | 套管外逆向充填防砂装置 | 196 | 71 | $5^1/_2$"LCSG | 7" LCSG |
| 7 | 不锈钢精密滤砂管 | 198 | 159.4 | 7" BCSG | 7" BCSG |
| 防砂服务器管柱 | | | | | |
| 1 | 套管外防砂服务器 | 108 | 65 | $3^1/_2$"TBG | |
| 2 | 89 mm 油管 | 89 | 76 | $3^1/_2$"TBG | $3^1/_2$"TBG |
| 3 | 套管冲筛增阻器 | 150 | 62 | $3^1/_2$"TBG | $3^1/_2$"TBG |

管柱组合如下：丝堵＋防砂补偿器＋短套管＋逆向充填装置＋短套管＋滤砂管管串＋短套管（5 m）＋信号滤砂管＋盲板短节＋短套管＋套管外封隔器（两级）＋套管1根＋分级箍＋短套管（根据设计要求）＋套管热应力补偿器＋套管串（到井口）。

② 施工参数优化

这类油藏的现场施工证明，地层的滤失可以忽略不计。由于是对裸眼稠油地层进行充填，参数优化的主要内容为提高充填砂在水平井中的铺置均匀度。根据数值模拟结果，采用大排量、高砂比充填可以提高铺砂均匀程度，并提高人工砂墙密实度。

（3）现场应用效果

郑411-p35 井是郑 411 区块实施筛管完井管外挤压砾石充填防砂方式的井段最长的水平井。该井油层垂直深度 1 330 m，邻井原油密度1.024 3 g/cm³，原油粘度 18 596 mPa·s(80 ℃)，地层砂粒度中值 0.27 mm。该井精密滤砂管长 221.15 m，采用管外挤压砾石充填防砂注汽投产。

① 施工管柱设计

该井精密滤砂管长 221.15 m，采用优化设计的精密滤砂管完井管柱，在套管外封隔器以上固井，充填服务管柱采用 2 级冲筛增阻器（如图 6-12 所示）。

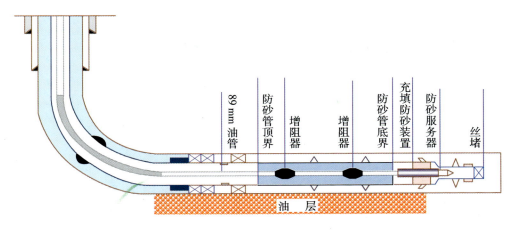

图 6-12　郑 411-p35 井防砂施工管柱示意图

② 施工及生产效果分析

该井油层段地层砂粒度中值 0.17 mm,选用 0.45~0.9 mm 陶粒砂作为支撑剂,防砂施工起步排量 2.0 m³/min,压力升至 20 MPa 后回落到 15 MPa;挤入约 20 m³ 前置液量后开始加砂,砂比 10%~70%,压力 15 MPa→17 MPa→21 MPa→17 MPa,累计加砂 48 m³,携砂液 148 m³,平均砂比 40%(如图 6-13所示)。

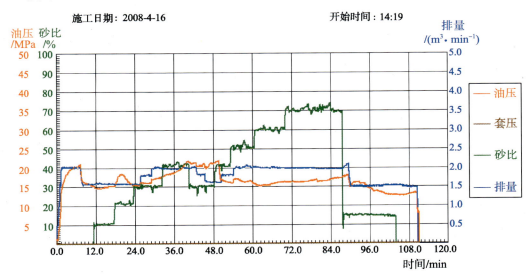

图 6-13　郑 411-p35 井压力—流量—砂比曲线

该井实施管外挤压砾石充填作业,应用 HDCS 强化采油技术投产。注汽 2 001.5 t,注汽压力 14.7~19.7 MPa,平均 18.4 MPa(较其他水平井注汽压力低 0.4 MPa)。截至 2009 年 4 月 7 日,已连续生产 315 d,平均产油量

12.2 t/d,累计产油 3 854.5 t,阶段油汽比 1.93,如图 6-14 所示。目前仍在生产,产液量9.7 t/d,产油量 7.8 t/d,生产效果好于其他方式完井的水平井。

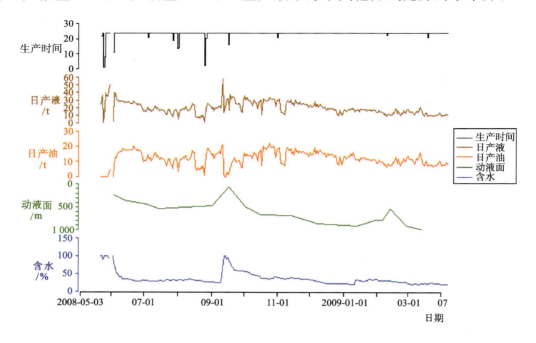

图 6-14　郑 411-p35 井采油曲线

## 6.4　特超稠油水平井注汽及井筒举升工艺

### ⊙ 6.4.1　注采方式

为提高 HDCS 开采效果,中深层特超稠油油藏井筒举升可采用注采一体化工艺管柱,环空氮气隔热密封;注汽时要求井口干度不低于70%,注汽过程达不到上述要求,需采取相应的措施。

原油粘度高是影响注汽的主要原因,为了提高注汽效果,根据 HDCS 强化热采技术室内实验及数模结果,需要对注汽工艺采取必要的预处理施工技术,比如优化油溶性复合降粘剂用量、二氧化碳用量、段塞注入方式及注入速度和焖井扩散时间等,同时对注入的化学剂进行配伍性试验。

（1）注汽参数设计

根据地质设计要求,利用注采一体化设计思路及注汽井筒热力参数数值模拟软件,首先计算了井口蒸汽干度为 70%时井口注汽参数对井底蒸汽参数的影响(见表 6-11),然后确定最优的注汽参数。

表 6-11 井口蒸汽干度为 70%时井口注汽参数对井底蒸汽参数的影响

| 井口压力/MPa | 井口流量/(t·h⁻¹) | 压力/MPa | 温度/℃ | 干度/% | 热损失/% |
|---|---|---|---|---|---|
| 17 | 7 | 19.81 | 364.2 | 31.46 | 13.48 |
| | 8 | 19.7 | 363.8 | 37.56 | 11.8 |
| | 9 | 19.6 | 363.4 | 42.2 | 10.5 |
| 18 | 7 | 21 | 369.2 | 23.4 | 13.8 |
| | 8 | 20.9 | 368.7 | 31.6 | 12 |
| | 9 | 20.8 | 368.35 | 37.71 | 10.7 |
| 19 | 7 | 22 | 373.1 | 22.94 | 11 |
| | 8 | 22.1 | 373.4 | 22.97 | 12.3 |
| | 9 | 22 | 373.1 | 22.9 | 10.9 |

根据注汽锅炉的注汽能力,确定注汽参数为:

① 注汽速度:6~10 t/h(具体视注汽压力确定);

② 注汽干度:不低于 70%(注汽困难时,降低注速,最低不得低于 6 t/h);

③ 周期注汽量、焖井时间:根据油藏数模计算结果确定,现场可根据实际焖井压力变化对焖井时间进行调整。

(2)注汽管柱设计

水平井注汽管柱设计必须满足以下要求:

① 满足注采一体化工艺要求;

② 满足长井段均匀配汽要求;

③ 充分考虑原油粘度及下泵后的动载荷,整体管柱应力设计满足安全要求;

④ 注采一体泵位置要求在直井段或"直—增—稳—增—稳"的第一个稳斜段,要求泵挂处井斜角小于 35°。

根据以上要求设计的注汽管柱组合为:丝堵+长井段均匀配汽装置+88.9 mm 油管串+隔热管串+注采一体化泵+隔热管串(至井口)。

## ⊙ 6.4.2 举升工艺

(1)举升方式选择

由于特超稠油区块原油粘度高,为保证产液温度,增加原油流动性,有利于举升,采用一体化注采工艺管柱进行生产。在蒸汽吞吐热采初期,采取泵上变频电加热的方式进行生产；吞吐后期含水上升时采用化学降粘辅助电加热的举升方式，电加热的功率为 80～120 kW 时可以取得较好的开发效果。

① 注采一体化工艺技术

特超稠油油藏注汽热采具有注汽压力高、注采周期较短的特点，根据特超稠油油藏注汽热采的经验，采用注采一体化工艺。防砂后将采油泵与高真空隔热油管一同下入井中（如图 6-15 所示），采用"少注快采"的方法，注汽后直接泵抽排液投产，减少作业次数及作业过程中入井液对油层的冷伤害，充分利用注入蒸汽的能量。

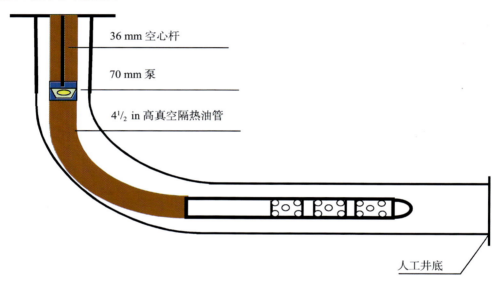

图 6-15　注采一体化管柱示意图

② 空心杆变频电加热

该项工艺是利用空心抽油杆内置电缆芯，由地面传给电流，通过空心杆集肤效应产生热能，给泵上油管内油流加热，从而达到清蜡、降粘的作用。

（2）机、杆、泵参数设计

① 泵挂深度的确定

注采一体泵位置要求在直井段或"直—增—稳—增—稳"的第一个稳斜段，要求泵挂处井斜角小于 35°。

② 泵型选择

根据"少注快采"的原则及油藏数模结果，水平井初期单井日液能力可达 60 m³ 左右。为了提高泵效，选择长冲程、慢冲次的工作制度，同时必须满足上述采液条件的要求。表 6-12 给出了当工作制度为 6 m×（1～4）min⁻¹，

44 mm泵、57 mm泵、70 mm泵不同泵效时的排量。

表6-12　不同泵型、泵效、冲次下的排量

| 排量/(m³·min⁻¹)　　　泵　 冲次/min⁻¹ | 44 mm泵 | | | 57 mm泵 | | | 70 mm泵 | | |
|---|---|---|---|---|---|---|---|---|---|
| | 泵效/% | | | 泵效/% | | | 泵效/% | | |
| | 100 | 70 | 50 | 100 | 70 | 50 | 100 | 70 | 50 |
| 1 | 13.2 | 9.2 | 6.6 | 22.0 | 15.4 | 11.0 | 32.5 | 22.8 | 16.3 |
| 2 | 26.3 | 18.4 | 13.2 | 44.1 | 30.9 | 22.1 | 65.0 | 45.5 | 32.5 |
| 3 | 39.4 | 27.6 | 19.7 | 66.1 | 46.3 | 33.1 | 99.8 | 69.9 | 49.9 |
| 4 | 52.5 | 36.7 | 26.3 | 88.2 | 61.7 | 44.1 | 133.0 | 93.1 | 66.5 |

根据上述计算,为适应特超稠油充分利用高温生产期快速采液的需要,水平井采用70型抽稠泵能够满足生产的需求。

③ 机型、管、杆柱组合选择

☆ 抽油机型号:700型长冲程皮带机。

☆ 杆柱组合(从下至上):70 mm泵柱塞(1 200 m)＋拉杆＋36 mm空心杆＋空心光杆。

④ 抽汲参数选择

☆ 冲程:6 m。

☆ 冲次:1～3 次/min。

**参考文献**

1　李宾飞.氮气泡沫调驱技术及其适应性研究:〔博士学位论文〕.东营:中国石油大学(华东),2007

2　李松岩.水平井泡沫冲砂技术研究:〔硕士学位论文〕.东营:中国石油大学(华东),2006

# 第七章 CHAPTER 7

## HDCS强化采油技术
## 在特超稠油油藏中的应用

HDCS强化采油技术集成了高分子化学、油田化学、高等分析、钻井工程、采油工程、油藏工程、热能工程等多学种理论和方法,是一项集多学科、多理论于一体的新型开采技术。目前该技术已在胜利油田特超稠油油藏得到规模化推广应用,并取得良好的经济效益。

## 7.1 HDCS强化采油技术的推广应用情况

截止到2008年12月,HDCS强化采油技术已在胜利油区的三大油藏类型7个区块得到广泛推广应用,包括以郑411、草109、单113、草104为主的中深薄层特超稠油区块,以坨826为主的强边底水中深厚层特超稠油油藏,以草705、草南为主的中浅薄层特超稠油油藏。预计新增动用储量 $6\,411\times10^4$ t,已建和正建产能 $93.2\times10^4$ t。2008年12月,7个典型特超稠油区块总井数124口,开井112口,产液量 1 769.4 t/d,产油量946.5 t/d,综合含水46.5%,区块累计产油 $126.2\times10^4$ t,累计产水 $184.5\times$

$10^4$ t,累计注汽 $155.8\times10^4$ t,累计油汽比 0.81,区块采油速度 1.48%,采出程度 3.8%。

从生产效果看,HDCS 强化采油技术的开发动态呈现以下特点:

(1)注汽压力明显下降,注汽质量大幅提高

HDCS 强化采油技术的机理就是要通过大幅度降低注汽压力来提高注汽质量,提高开发效果。从现场应用情况看,郑 411 区块常规注汽、活性柴油＋蒸汽、活性柴油＋二氧化碳＋蒸汽和 HDCS 开发方式的现场动态数据(见表 7-1)即能明显得以验证。

**表 7-1　不同吞吐方式注汽参数对比**

| 吞吐方式 | 实施井次 | 启动压力/MPa | 平均注汽压力/MPa | 平均注汽速度/(t·h$^{-1}$) | 注汽干度/% |
|---|---|---|---|---|---|
| 常规注汽 | 5 | 19.7 | 20.3 | 6.5 | 0 |
| 活性柴油＋蒸汽 | 2 | 18.5 | 19.7 | 6.5 | 71↘0 |
| 活性柴油＋二氧化碳＋蒸汽 | 3 | 16.5 | 19.5 | 9 | 71↘55 |
| 油溶性复合降粘剂＋二氧化碳＋蒸汽 | 34 | 16.3 | 18.7 | 9 | 71 |

从对比数据看,活性柴油＋蒸汽方式的注汽启动压力 18.5 MPa,注汽过程中的平均注汽压力 19.7 MPa。与常规注汽相比,分别下降了 1.2 MPa、0.6 MPa,同时注汽干度有所改善。表明活性柴油能够降低超稠油粘度,降低注汽启动压力。在活性柴油＋蒸汽方式中加入二氧化碳,注汽启动压力进一步降低,注汽过程中的压力也有所降低,注汽干度提高。

油溶性复合降粘剂＋二氧化碳＋蒸汽方式的注汽启动压力 16.3 MPa,注汽过程中的平均注汽压力 18.7 MPa。与活性柴油＋二氧化碳＋蒸汽方式相比,分别下降了 0.2 MPa、0.8 MPa,注汽干度一直稳定在 71%。这表明与活性柴油相比,油溶性复合降粘剂(现场试验中选用 SLKF 油溶性降粘剂)的降粘作用更高,使注汽启动压力进一步降低。在相同的注汽速度下,油溶性复合降粘剂＋二氧化碳＋蒸汽方式进一步降低了注汽过程中的注汽压力,提高了蒸汽热波及范围。另外,现场试验中,活性柴油的设计使用浓度在 30% 左右,而油溶性复合降粘剂的设计使用浓度不超过 5%,使后者的性价比更高。

因此,与常规注汽相比,加入油溶性复合降粘剂可以降低注汽启动压力 1.4 MPa 以上。油溶性复合降粘剂和二氧化碳共同作用,可以降低注汽启动压力 2～3 MPa,降低注汽压力 1.5 MPa 以上。

(2)周期产油量、油汽比等开发指标大幅上升,开发效果明显提高

统计胜利油区郑 411、坨 826、草 109 等三个重点区块油井周期生产情况

（见表 7-2），结束一周期的 64 口井，平均周期采油量 1 494 t，周期油汽比 0.75，单井平均产油量11.2 t/d，周期回采水率 59.5％。结束二周期的 27 口井，平均周期采油量 2 214 t，周期油汽比1.22，平均单井产油量 10.3 t/d，周期回采水率 81.8％。

表 7-2　胜利油区三个典型超稠油区块油井分周期生产情况

| 周期 | 区块 | 结束周期井数 | 注汽量/t | 油汽比/(t·t⁻¹) | 回采水率/% | 生产时间/d | 采液量/t | 采油量/t | 平均单井产液/(t·d⁻¹) | 平均单井产油/(t·d⁻¹) |
|---|---|---|---|---|---|---|---|---|---|---|
| 一周期 | 郑 411 | 34 | 2 003 | 0.78 | 79.9 | 141 | 3 158 | 1 558.6 | 22.4 | 10.2 |
| | 坨 826 | 4 | 1 997 | 0.7 | 54.2 | 93.1 | 2 421 | 1 338 | 26 | 12.3 |
| | 草 109 | 26 | 2 169 | 0.73 | 45.6 | 158 | 2 573 | 1 584 | 16.3 | 10 |
| | 合计 | 64 | 2 057 | 0.75 | 59.5 | 136 | 2 717 | 1 494 | 21.3 | 11.2 |
| 二周期 | 郑 411 | 16 | 2 208 | 0.84 | 79.1 | 154 | 3 607 | 1 860.5 | 29.9 | 11.7 |
| | 坨 826 | 2 | 1 505 | 1.77 | 81.1 | 173 | 3 889 | 2 668 | 24.2 | 14.5 |
| | 草 109 | 9 | 1 741 | 1.21 | 85.8 | 255 | 3 606 | 2 112.2 | 14.1 | 8.3 |
| | 合计 | 27 | 1 818 | 1.22 | 81.8 | 196 | 4 134 | 2 214 | 21.4 | 10.3 |
| 平均 | | 91 | 1 988 | 0.86 | 65.3 | 153 | 3 126 | 1 702 | 21.3 | 10.8 |

从表 7-3 看，在特超稠油油藏应用直井蒸汽吞吐（S）、直井＋氮气辅助蒸汽吞吐（NS）和直井＋二氧化碳辅助蒸汽吞吐（CS）等方式均未获工业产能。虽然直井＋油溶性复合降粘剂＋二氧化碳辅助蒸汽吞吐（DCS）方式取得一定的效果，但周期累计产油低于 500 t，经济效益差。水平井＋常规蒸汽吞吐（HS）方式也未获得工业产能，周期累计产油仅 67 t。应用 HDCS 吞吐方式，周期注汽 1 986 t，周期累计产油 1 707 t，油汽比 0.86，生产效果远好于其他方式。

通过以上对比可以得出：

① 单独应用蒸汽或二氧化碳，无论是直井还是水平井，均无法动用特超稠油。

② DCS 在直井中应用，有一定协同作用效果，但无经济效益。

③ 与直井相比，水平井能大幅度提高 DCS 的波及体积和泄油面积，为降低注汽压力、提高注汽质量和回采能力奠定了基础。而且，水平井可有效利用二氧化碳气顶和油层上部的混合气能量，提高热利用率及纵向动用程度，因此 HDCS 协同作用能有效开采特超稠油。

表 7-3　HDCS 与其他开发方式生产情况对比

| 方式 | 周期 | 井数/口 | 注汽量/t | 干度/% | 生产时间/d | 周期产油/t | 产油水平/(t·d⁻¹) | 油汽比/(t·t⁻¹) |
|---|---|---|---|---|---|---|---|---|
| S | 1 | 5 | 1 523 | 0 | 17 | 21 | 1.2 | 0.01 |
| NS | 1 | 2 | 1 578 | 0 | 41 | 181 | 2.9 | 0.11 |
| CS | 1 | 2 | 1 502 | 8 | 86 | 324 | 3.7 | 0.22 |
| DCS | 1 | 4 | 1 217 | 32 | 72 | 338 | 4.7 | 0.39 |
| HS | 1 | 2 | 561 | 12 | 21 | 67 | 3.2 | 0.12 |
| HDCS | 1 | 64 | 2 057 | 72 | 136 | 1 494 | 11 | 0.75 |
| | 2 | 27 | 1 818 | 72 | 196 | 2 214 | 10.3 | 1.22 |

（3）回采原油粘度明显降低，且始终贯穿于生产全过程

大幅度降低原油粘度是二氧化碳和油溶性复合降粘剂协同作用的主要特点。二氧化碳和油溶性降粘剂协同降粘不仅在注汽过程中大幅度降低地层原油粘度，消除注汽前缘的高粘乳化油，而且在回采期间也始终起到了降粘作用，极大地改善了超稠油的渗流特性。

下面从试验井生产数据对比、试验井回采原油粘度跟踪分析和不同开发方式回采的原油粘温曲线对比等三个方面进行分析。

① 试验井生产数据对比

对比郑 411-p1 井 HS 与 HDCS 现场试验数据（见表 7-4）：采用 HS 方式生产，周期累计产油量 67 t，周期油汽比 0.12，回采原油粘度（80 ℃）为 78 513 mPa·s。采用 HDCS 生产，周期累计产油量 2 276 t，周期油汽比 0.91，回采出的原油粘度（80 ℃）为 16 876 mPa·s，比常规热采时的原油粘度下降 78.5%。

表 7-4　郑 411-p1 井常规吞吐与 HDCS 生产情况对比数据

| 开采方式 | 注汽压力/MPa | 干度/% | 注汽量/t | 周期累计产油量/t | 周期油汽比/(t·t⁻¹) | 回采原油粘度（80 ℃）/(mPa·s) |
|---|---|---|---|---|---|---|
| HS | 20.7 | 12 | 561 | 67 | 0.12 | 78 513 |
| HDCS | 18 | 72 | 2 501 | 2 276 | 0.91 | 16 876 |

现场统计未加二氧化碳和油溶性复合降粘剂的 8 口常规蒸汽吞吐井与 16 口 HDCS 吞吐周期末的原油粘度(如图 7-1 所示),对比看出,HDCS 方式回采原油的粘度较常规吞吐平均降粘幅度为 51.9%,从而进一步验证了 DC 协同降粘作用的效果。

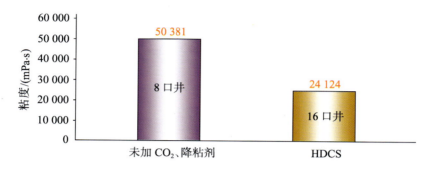

图 7-1　郑 411 同层系常规蒸汽吞吐与 HDCS 开发粘度(80 ℃)对比

② 试验井回采原油粘度跟踪分析

由郑 411-p1 井一周期内连续跟踪取样的原油粘度曲线(如图 7-2 所示)可以看出,同一生产周期内,原油粘度(80 ℃)稳中有升,由回采初期的 11 907 mPa·s 升至回采末期的 16 876 mPa·s。但周期末的原油粘度仍远低于常规蒸汽吞吐时的粘度78 513 mPa·s,说明 DC 协同降粘作用始终作用于回采全过程。

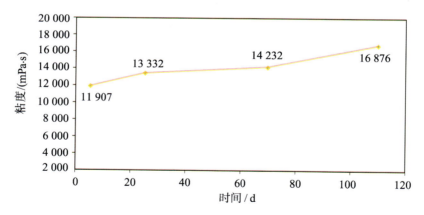

图 7-2　胜利油区 HDCS 一周期粘度(80 ℃)跟踪情况

③ 不同开发方式回采的原油粘温曲线对比分析

由不同方式回采原油的粘温曲线(如图 7-3 所示)对比可以看出,采用 HDCS 方式的原油粘度在任一温度范围内均比常规蒸汽吞吐低一个数量级,且随着温度增高，每升高 10 ℃下降幅度均在 80％左右，说明 HDCS 方式回采原油的性质得到了极大改善。

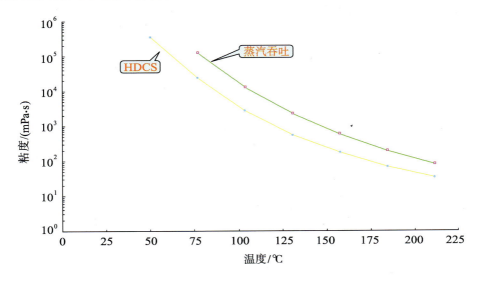

图 7-3　郑 411 区块同层系不同开发方式粘温曲线对比

## 7.2　HDCS强化采油技术的推广应用前景

（1）为大幅度提高稠油油藏动用率提供了坚实的技术支撑

HDCS 强化采油技术在胜利油区超稠油油藏的规模化应用证明了该技术具有广阔的应用前景。据不完全统计，该技术可在胜利油区实现 $1.2 \times 10^8$ t 超稠油储量的有效动用，同时，目前国内未动用稠油储量约 $7.9 \times 10^8$ t，所以该技术具有广阔的推广应用前景。

（2）为大幅度提高稠油采收率进行了技术储备

由不同注入方式提高驱替效率曲线（图 4-21）可以看出，采用 HDCS 方式可以大幅度提高采收率。因此，对于已投入开发的稠油油藏，尤其是特超稠油油藏，HDCS 的研发成功为提高该类油藏的采收率展现了良好前景。

（3）为蒸汽驱稠油油藏后续开发方式接替提供了新的思路

由蒸汽驱后不同注入方式提高驱替效率曲线（图 4-22）可以看出，蒸汽驱后改用 HDCS 技术开发，仍可以较大幅度地提高驱替效率，因此，可以说 HDCS 强化采油技术探索了热化学复合驱油提高采收率的新方法，为稠油油藏不同开发方式转换提供了技术思路。

# 7.3 典型区块应用情况

## ⊙ 7.3.1 中深薄层特超稠油油藏——郑411区块

### 7.3.1.1 油藏概况

王庄油田郑411区块位于王庄油田西部,构造上处于东营凹陷北部陡坡带西段,北靠陈家庄凸起,西为郑家潜山,南邻利津油田,2003年11月上报探明地质储量1825×10⁴ t,含油面积5.2 km²。

郑411区块主力开发层系沙三上,构造相对简单,地形北高南低、北缓南陡,平面上呈现出明显的"两沟两梁"的地形格局,地层向北超覆尖灭,向南、西倾没,砂体埋深1 300~1 430 m。沙三上亚段1砂体($ES3_1^1$)为扇三角洲砂砾岩沉积,岩性复杂,粗细混杂。1、2砂层组以富含稠油含砾砂岩为主,3砂层组以细砾岩和中砾岩为主。主力油层1砂组受沉积环境的影响,总体上呈现出中部厚、边部薄的特征,厚度一般在4.0~6.7 m,平均厚度仅5.7 m。平均储层孔隙度33%,平均空气渗透率1 755×10⁻³ μm²,原始含油饱和度68%。

郑411区块沙三上原油属超稠油油藏。地面脱气原油密度平均为1.043 3 g/cm³,50 ℃时地面脱气原油粘度22×10⁴~38×10⁴ mPa·s,油藏温度(68 ℃)下地面脱气原油粘度大于12×10⁴ mPa·s。地层水总矿化度范围7 394~19 215 mg/L,平均14 287 mg/L;氯离子平均含量为8 479 mg/L;水型为氯化钙型。油藏边部具有较强边水,对油藏的开发将产生一定影响。

油藏地层温度68~71 ℃,地温梯度3.9 ℃/(100 m);压力12.58~13.75 MPa,平均13.44 MPa,压力系数为0.97,属高温常压系统。

郑411区块沙三上1砂组油藏类型为具边水的中深层岩性构造的特超稠油油藏。

### 7.3.1.2 区块开发历程

郑411区块从1991年发现,2006年正式开发,按开发方式可大致分为四个开发阶段。

☆ 第一阶段:1991~2000年,产能突破、储量探明阶段。

2000年之前,郑411区块完钻5口探井,即郑26、新郑8、郑406、郑411井和郑33井,其中前4口井沙三段进行了常规试油,基本上不出油;2000年于郑411井进行酸化注汽试油,获得日产油6 t的良好效果,突破了出油关,随即上报郑 411 区块控制储量 1 499×10⁴ t。

☆ 第二阶段：2000～2005 年，以 SAGD 为主的多种技术攻关试验阶段。

2000 年之后，随着郑家—王庄亿吨稠油油藏的探明及增储上产的需要，针对区块原油粘度高，常规直井注汽压力高、干度低、产能低、无法动用的实际，于 2002 年开始在该区新钻探郑 412、郑 418 和 1 口水平井(郑科平 1 井)开展二砂体的 SAGD 联动试验(见表 7-5)。试验井组的三口井第一轮注汽 9 490 t，投产后郑 411、郑 418、郑科平 1 井初期产油分别为 6.3 t/d、9.6 t/d、20.0 t/d，周期生产时间 95 d，累计产油 3 440 t，累计产水 12 978 t，周期油汽比 0.36，但第二周期由于层间窜和井间干扰，生产 3 个月后因高含水而关井。

表 7-5 郑 411 区块 SAGD 试验井组生产情况

| 井号 | 周期 | 注汽 /t | 干度 /% | 注汽压力 /MPa | 注汽速度 /(t·h⁻¹) | 生产时间 /d | 周期产油 /t | 周期产水 /t | 产油能力 /(t·d⁻¹) | 油汽比 /(t·t⁻¹) | 回采水率 /% | 周期含水 /% |
|---|---|---|---|---|---|---|---|---|---|---|---|---|
| 郑 411 | 1 | 2 766 | 72.5 | 18.1～19.2 | 14.4 | 115.8 | 1 341 | 2 511 | 11.6 | 0.48 | 91 | 65.2 |
| | 2 | 3 842 | 74 | 12.8～13.9 | 9 | 91 | 91 | 3 600 | 1.0 | 0.02 | 94 | 97.5 |
| 郑科平 1 | 1 | 4 511 | 70.4 | 15.8～19.3 | 12.5 | 83.5 | 836 | 5 672 | 10.0 | 0.19 | 125 | 87.2 |
| | 2 | 6 214 | 72.2 | 16～19.5 | 8～10 | 88 | 1 118 | 11 636 | 12.7 | 0.18 | 187 | 91.2 |
| 郑 418 | 1 | 2 213 | 72 | 15.8～18.5 | 9.2 | 85.3 | 507.8 | 3 916 | 6.0 | 0.23 | 176 | 88.5 |
| | 2 | 2 690 | 72 | 13.2～17 | 9 | 83 | 284 | 4 652 | 3.4 | 0.11 | 172 | 94.2 |

此后，在郑 32-p1、郑 32-x21 两口井实施混苯＋二氧化碳的蒸汽辅助吞吐试验，初期产量 7～8 t/d，但平均单井周期产油量 325 t，产水量 697 t，周期油汽比仅 0.35，未取得理想的开发效果。

☆ 第三阶段：2005～2006 年，HDCS 攻关试验阶段。

2005 年 10 月，为探索本区块特超稠油油藏水平井开发可行性，在沙三 2 砂组部署了郑 411-平 2 井，采用 $CO_2$ 辅助蒸汽吞吐技术，第一周期累计产油 2 240 t，平均产油能力 19.0 t/d。2006 年 4 月又在原油粘度更高砂体厚度较薄的沙三 1 砂体部署了郑 411-平 1 井，第一周期累计产油 1 271 t，产油能力 14.3 t/d。在此基础上，又陆续部署了郑 411-平 3、郑 411-平 5、郑 411-平 7 等 11 口水平井，单井峰值产量达 35 t/d，平均产油量 7～14 t/d，周期产油量 1 472 t，周期油汽比达到 0.82，中深薄层特超稠油的开发取得初步成效。

☆ 第四阶段：2006～2008 年，全面开发阶段。

郑 411 沙三 1 砂组的试采成功为该区的全面开发提供了有力保障。2006 年初编制完成区块整体产能建设方案，方案共部署水平井 34 口，包括 16 口后期汽驱注汽井和 18 口采油井,单井设计能力 10 t/d,累建产能 $9.3 \times 10^4$ t。2008 年 12 月,区块产能方案基本实施完毕,共完钻新井 32 口,动用储量 385 $\times 10^4$ t,新建产能 $8.5 \times 10^4$ t。

### 7.3.1.3 特超稠油开发技术界限研究

为确定郑 411 区块合适的开发方式,2006 年,在分析评价 HDCS 现场试验效果的基础上,利用 CMG 软件开展了本区块开发方案的数值模拟研究。

（1）井别优化

直井、水平井开发效果对比结果（表 7-6）表明,当控制相同地质储量时,水平井采出程度为 19.2%,直井采出程度为 8.8%,水平井可提高采收率 10.4%。数模结果和试采效果均表明,该区块应立足于水平井开发。

表 7-6　郑 411 区块 1 砂组直井、水平井开发效果对比

| 井别 | 周期 | 累计生产时间 /d | 累计注汽量 /t | 累计产油量 /t | 累计油汽比 /(t·t⁻¹) | 采出程度 /% | 储量 /(10⁴ t) |
|---|---|---|---|---|---|---|---|
| 直井（2 口） | 7 | 920 | 16 783 | 6 025 | 0.36 | 8.8 | 6.87 |
| 水平井（1 口） | 16 | 2 800 | 35 752 | 13 165 | 0.37 | 19.2 | 6.87 |

（2）开发方式优化

试油试采结果表明,本区原油粘度高,必须注蒸汽热采开发。因此,开发方式考虑了常规注蒸汽和 $CO_2$ 辅助注蒸汽吞吐,两种开发方式 16 周期后的吞吐结果（表 7-7）表明,常规注蒸汽吞吐采出程度为 19.2%,添加 $CO_2$ 后,采出程度为 24.5%,提高采收率 5.3%。本区开发实践和数模均证明,$CO_2$ 辅助蒸汽吞吐能够有效地改善本区的开发效果,因此利用 $CO_2$ 辅助注蒸汽吞吐。

表 7-7　不同开发方式注蒸汽吞吐效果对比

| 开发方式 | 累计生产时间 /d | 累计注 CO₂ /t | 累计注汽量 /t | 累计产油量 /t | 累计油汽比 /(t·t⁻¹) | 采出程度 /% | 储量 /(10⁴ t) |
|---|---|---|---|---|---|---|---|
| HS | 2 800 | | 35 752 | 13 165 | 0.37 | 19.2 | 6.87 |
| HDCS | 2 800 | 2 000 | 35 852 | 16 862 | 0.47 | 24.5 | 6.87 |

（3）井距优化

当油价为 45 ＄/bbl 时,水平井经济极限累计产油量为 9 300 t。超稠油最大加热半径 40 m 左右,考虑到储层非均质性及单控储量,吞吐井距优化了

70 m和100 m。从不同井距水平井注蒸汽吞吐开发效果对比（表7-8）可以看出，70 m井距可吞吐14个周期，采出程度为28.2％，由于单控储量小，净采油量仅为719 t；而100 m井距可吞吐16个周期，采出程度为24.5％，净采油量为3 511 t，比70 m井距多增油2 792 t。单纯考虑吞吐，为获得一定经济效益，合理水平井井距应为100 m左右。

表7-8　水平井不同井距注蒸汽吞吐开发效果对比

| 井距<br>/m | 周期 | 累计生产时间<br>/d | 累计注$CO_2$<br>/t | 累计注汽量<br>/t | 累计产油量<br>/t | 净采油<br>/t | 累计油汽比<br>/(t·t$^{-1}$) | 采出程度<br>/% |
|---|---|---|---|---|---|---|---|---|
| 70 | 14 | 2 560 | 1 750 | 31 297 | 13 557 | 719 | 0.43 | 28.2 |
| 100 | 16 | 2 800 | 2 000 | 35 852 | 16 862 | 3 511 | 0.47 | 24.5 |

（4）生产井长度优化

水平井长度优化结果（图7-4）表明，在井底干度为40％，水平段长度超过250 m后，蒸汽干度降为0，温度和储量动用程度下降。目前郑411-平1井200 m井段开采效果好，在现有工艺技术条件下，水平段长度取200 m。

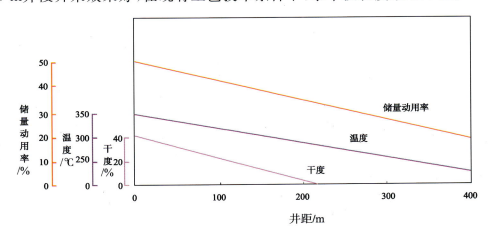

图7-4　不同水平段长度与干度、温度、储量动用率变化关系

（5）注汽强度优化

在考虑周期注入一定量的$CO_2$条件下，注汽强度优化了10 t/m、12.5 t/m、15 t/m、17.5 t/m四种方案，不同注汽强度开发效果对比（表7-9）表明，随着注汽强度的增加，采出程度升高，累计油汽比下降，当注汽强度为12.5 t/m左右，既有较高油汽比，又有较高采出程度，故合理注汽强度为12.5 t/m左右。

表 7-9　不同注汽强度开发效果对比

| 井距/m | 注汽强度/(t·m$^{-1}$) | 累计注汽量/t | 累计产油量/t | 累计油汽比/(t·t$^{-1}$) | 采出程度/% |
|---|---|---|---|---|---|
| 100 | 10 | 28 797 | 15 198 | 0.53 | 22.1 |
| | 12.5 | 39 698 | 16 862 | 0.42 | 24.5 |
| | 15 | 42 752 | 17 235 | 0.40 | 25.1 |
| | 17.5 | 49 559 | 18 112 | 0.37 | 26.4 |

（6）$CO_2$ 注入量

当注汽强度为 12.5 t/m 时，优化了周期注入 75 t、100 t、125 t、150 t、175 t 五个方案。$CO_2$ 周期注入量开发效果（表 7-10）表明，随着 $CO_2$ 注入量增加，采出程度上升，当周期注入 125 t $CO_2$ 时，增油增注比最高；再增大 $CO_2$ 注入量，采出程度、净采油量上升幅度变小。可见，合理周期注入量为 125 t。

表 7-10　$CO_2$ 周期注入量开发效果对比

| 周期注 $CO_2$ 量/t | 累计注 $CO_2$/t | 累计注汽量/t | 累计产油量/t | 累计油汽（蒸汽＋$CO_2$）比/(t·t$^{-1}$) | 采出程度/% | 增油增注比/(t·t$^{-1}$) |
|---|---|---|---|---|---|---|
| 75 | 1 200 | 35 829 | 15 459 | 0.42 | 22.5 | — |
| 100 | 1 600 | 35 814 | 16 059 | 0.43 | 23.4 | 1.50 |
| 125 | 2 000 | 35 852 | 16 862 | 0.45 | 24.5 | 2.01 |
| 150 | 2 400 | 35 892 | 17 479 | 0.46 | 25.4 | 1.54 |
| 175 | 2 800 | 35 923 | 18 109 | 0.47 | 26.4 | 1.58 |

（7）距内油水边界距离优化

通过郑 411-平 25 导眼井，发现油层东西方向陈南断层与西北断层间有边水。根据郑 411-平 7 井附近储层厚度，建立具边水概念模型。优化了水平井距内油水边界 100 m、150 m、200 m 三种方案，从优化结果看，距边水越近，含水上升越快。距边水 100 m 时，第二周期含水达到 80%；距边水 150 m 时，第三周期含水达到 80%；距边水 200 m 时，第四周期含水达到 80%；距内油水边界不同距离的开发效果对比（表 7-11）表明，从经济效益出发，水平井距内油水边界距离 200 m 以上。

表 7-11　距内油水边界距离效果对比

| 距边水距离/m | 周期 | 累计生产时间/d | 累计注 $CO_2$ /t | 累计注汽量/t | 累计产油量/t | 净采油/t | 累计油汽比/(t·t$^{-1}$) | 采出程度/% |
|---|---|---|---|---|---|---|---|---|
| 100 | 4 | 1 098 | 500 | 10 000 | 6 013 | −4 391 | 0.60 | 4.6 |
| 150 | 10 | 2 730 | 1 250 | 25 000 | 10 400 | −1 661 | 0.42 | 6.5 |
| 200 | 11 | 3 000 | 1 375 | 27 500 | 13 698 | 1 361 | 0.50 | 7.2 |

（8）吞吐后期转蒸汽驱效果评价

超稠油油藏以水平井注蒸汽吞吐采收率较低，因此，对本块后期转蒸汽驱开发进行了研究。

经济极限油汽比是注蒸汽开发中极其重要的技术经济指标，是反应开发技术水平和经济效益的综合指标，其随油价而变化，也与生产成本密切相关。计算不同生产成本吞吐极限油汽比得出，当油价为 26 \$/bbl 时，吞吐经济极限油汽比为 0.22；当油价为 40 \$/bbl 时，经济极限油汽比为 0.12。目前高油价下汽驱经济极限油汽比应该更低，在以下参数优化中，汽驱极限油汽比取 0.1。

本块立足于水平井吞吐，因此优化了水平井吞吐到底和先水平井吞吐后期转蒸汽驱的两种开发方式。从不同开发方式的效果对比（表 7-12）看，水平井吞吐到底采收率为 24.5%，净采油量为 2 073 t；吞吐后期转蒸汽驱，采收率为 39%，净采油量为 7 495 t。从经济效益的角度出发，推荐本区的开发方式为先水平井吞吐，后期转蒸汽驱。

表 7-12　不同开发方式效果对比

| 开发方式 | 累计生产时间/d | 吞吐阶段 | | | 汽驱阶段 | | 累计注汽量/t | 累计产油量/t | 净采油/t | 累计油汽比/(t·t$^{-1}$) | 采出程度/% |
|---|---|---|---|---|---|---|---|---|---|---|---|
| | | $CO_2$ 累注/t | 累计注汽/t | 累计产油/t | 累计注汽/t | 累计产油/t | | | | | |
| 吞吐 | 2 800 | 2 000 | | | | 35 852 | 16 862 | 2 073 | 0.47 | 24.5 |
| 汽驱 | 3 485 | 2 000 | 35 852 | 16 862 | 58 711 | 9 946 | 94 563 | 26 808 | 7 495 | 0.28 | 39.0 |

（9）注汽井长度优化

目前亚临界锅炉额定注汽速度 10 t/h，若按最大注汽速度 9 t/h，水平井段长 200 m，计算最大注汽强度为 1.08 t/(d·m)，根据注汽强度折算了不同长度注汽量。从不同注汽井长度的油汽比、采出程度开发效果对比（表 7-13）

中可以看出,当注汽井长度由 140 m 增加到 160 m 时,采出程度提高 2.4%;当注汽井长度由 160 m 增加到 180 m 时,采出程度降低2.5%。为保证较高的采出程度和油汽比,合理注汽井长度为 160 m 左右。

表 7-13　不同注汽井长度开发效果对比

| 注汽井<br>长度<br>/m | 累计<br>生产时间<br>/d | 累计<br>注汽量<br>/t | 累计<br>产油量<br>/t | 累计<br>油汽比<br>/(t·t⁻¹) | 采出程度<br>% | 储量<br>/(10⁴ t) |
|---|---|---|---|---|---|---|
| 140 | 3 516 | 89 947 | 25 149 | 0.28 | 36.6 | 6.87 |
| 160 | 3 485 | 94 843 | 26 808 | 0.28 | 39.0 | 6.87 |
| 180 | 3 328 | 87 138 | 25 054 | 0.29 | 36.5 | 6.87 |

（10）转驱时机优化

国外成功实现蒸汽驱的最佳转驱时机为油层压力降低到原始地层压力的 50%～60%,本区原始地层压力 13 MPa,数模结果显示,注蒸汽吞吐 8 周期后,地层压力基本维持在6 MPa左右,因此优化了吞吐 8 周、10 周、12 周、14 周以及吞吐末五个转驱时机,从不同转驱时机的效果对比（表 7-14）可以看出,吞吐 8 周后转蒸汽驱的采收率为 36.5%,净采油量为 8 186 t;10 周后转蒸汽驱的采收率为 39.8%,净采油量为 9 164 t,提高采收率3.3%;12 周后转蒸汽驱,采收率下降为 39%。因此合理的转驱时机为吞吐 10 周后,地层压力为 6 MPa时转蒸汽驱。

表 7-14　不同转驱时机开发效果对比

| 转驱<br>时机 | 累计<br>生产时间<br>/d | 累计<br>注汽量<br>/t | 累计<br>产油量<br>/t | 净采油<br>/t | 累计<br>油汽比<br>/(t·t⁻¹) | 采出<br>程度<br>/% |
|---|---|---|---|---|---|---|
| 8 周后转 | 2 301 | 67 863 | 25 056 | 8 186 | 0.37 | 36.5 |
| 10 周后转 | 2 724 | 84 681 | 27 330 | 9 164 | 0.32 | 39.8 |
| 12 周后转 | 2 869 | 76 719 | 26 797 | 9 116 | 0.35 | 39.0 |
| 14 周后转 | 2 865 | 76 334 | 26 541 | 8 761 | 0.35 | 38.6 |
| 吞吐末转 | 3 485 | 94 843 | 26 808 | 7 474 | 0.28 | 39.0 |

（11）采注比优化

采注比优化了 1.1、1.2、1.3 三个方案,从不同采注比优化结果（表7-15）显示,采注比从 1.1 提高到1.2时,采收率提高 2.3%;当采注比提高到 1.3时,采收率不再上升。可见,合理的采注比应控制在 1.2。

表 7-15　不同采注比开发效果对比

| 采注比 | 累计生产时间/d | 吞吐阶段 | | 汽驱阶段 | | 累计注汽量/t | 累计产油量/t | 累计油汽比/(t·t⁻¹) | 采出程度/% |
|---|---|---|---|---|---|---|---|---|---|
| | | 累计注汽/t | 累计产油/t | 累计注汽/t | 累计产油/t | | | | |
| 1.1 | 2 590 | 35 852 | 16 862 | 37 292 | 8 910 | 73 144 | 25 772 | 0.35 | 37.5 |
| 1.2 | 2 724 | 35 852 | 16 862 | 48 829 | 10 468 | 84 681 | 27 330 | 0.32 | 39.8 |
| 1.3 | 2 685 | 35 852 | 16 862 | 45 461 | 9 970 | 81 313 | 26 832 | 0.33 | 39.1 |

在上述开发技术界限研究的基础上,确定出本区块的开发技术界限为:

☆ 立足水平井注蒸汽吞吐,后期考虑蒸汽驱;

☆ 注采井距 100 m;

☆ 注汽强度 12.5 t/m,$CO_2$ 周期注入量 125 t 左右;

☆ 注汽井长度 160 m,生产井长度 200 m;

☆ 地层压力降到 6 MPa 时转蒸汽驱;

☆ 水平井距内油水边界距离 200 m 以上;

☆ 布井厚度 5 m 以上。

### 7.3.1.4　方案实施效果

郑 411 区块自 2006 年全面投入开发,目前整体方案基本实施完毕。共新钻水平井 34 口,动用储量 $385 \times 10^4$ t,新建产能 $8.5 \times 10^4$ t。2008 年 12 月,区块总井 36 口,开井 30 口,产液水平 535.8 t/d,产油水平 243.8 t/d,综合含水 54.5%,平均单井产油水平 8.2 t/d。区块累计产油 $14.2 \times 10^4$ t,累计产水 $26.81 \times 10^4$ t,累计注汽 $15.1 \times 10^4$ t,累计油汽比 0.94,采油速度 2.3%,采出程度 3.5%。

从油井周期生产情况(表 7-16)看,一周期结束油井 34 口,平均注汽量 2 003 t,注汽干度 72%,平均周期采油量 1 559 t,周期油汽比 0.78,单井平均产油量 10.2 t/d,周期回采水率 79.9%。二周期结束油井 16 口,平均注汽量 2 208 t,注汽干度 72%,平均周期采油量 1 861 t,周期油汽比 0.84,单井平均产油量 11.7 t/d,周期回采水率 79.1%。

从郑 411 区块典型生产井郑 411-p2 井生产情况(表 7-17)看,该井 80 ℃脱气原油粘度 52 400 mPa·s,2006 年 8 月份实施 HDCS 技术,第一周期注汽 2 205 t,周期生产 119 d,累计产油 2 124 t,周期油汽比 0.96;第二周期注汽 2 507 t,周期生产 201 d,累计产油 2 275 t,周期油汽比 0.91。可见,HDCS 强化采油技术试验获得成功。

表 7-16　王庄油田郑 411 区块分周期生产情况

| 周期 | 结束周期井数 | 注汽量/t | 注汽干度/% | 油汽比/(t·t⁻¹) | 回采水率/% | 生产时间/d | 采液量/t | 采油量/t | 单井产液/(t·d⁻¹) | 平均单井产油/(t·d⁻¹) |
|---|---|---|---|---|---|---|---|---|---|---|
| 1 | 34 | 2 003 | 72 | 0.78 | 79.9 | 141 | 3 158 | 1 558.6 | 22.4 | 10.2 |
| 2 | 16 | 2 208 | 72 | 0.84 | 79.1 | 154 | 3 607 | 1 860.5 | 29.9 | 11.7 |
| 平均 | 50 | 2 106 | 72 | 0.8 | 79.5 | 148 | 3 383 | 1 710 | 26.2 | 11.0 |

表 7-17　郑 411-p2 井周期生产统计数据

| 周期 | 平均注汽压力/MPa | 平均干度/% | 注汽量/t | 累计产液/t | 累计产油/t | 油汽比/(t·t⁻¹) | 回采水率 | 周期天数/d |
|---|---|---|---|---|---|---|---|---|
| 1 | 18.1 | 53 | 2 205 | 4 672.8 | 2 124 | 0.96 | 1.16 | 119 |
| 2 | 17.8 | 62.3 | 2 507 | 9 523.2 | 2 275.2 | 0.91 | 2.89 | 201 |

## ⊙ 7.3.2　中深厚层特超稠油油藏——坨 826 区块

### 7.3.2.1　区块概况

王庄油田坨 826 区块位于山东省东营市垦利县宁海乡,构造上处于渤海湾盆地济阳坳陷东营凹陷北部陡坡带西段,北部紧靠陈家庄凸起,东邻胜坨油田,西接王庄油田,南为宁海油田。2005 年 12 月坨 826 区块上报探明石油地质储量 1 977.66×10⁴ t,探明含油面积 3.40 km²。

该区构造主要受陈家庄凸起南缘基岩古地貌和陈南断裂活动的控制,块内主要发育一组近北东—南西向断层,将坨 826 区块划分为南区和北区,断层落差 10～50 m,倾角 50°～70°。由于本区块主力含油层系沙三上的砂砾岩体厚度一般在 50～100 m,远大于断层落差,因此,断层两侧具有统一的油水系统。区块构造北高南低,地层向北超覆尖灭,向南、西倾没,构造北缓南陡,各砂层组顶面构造形态具有继承性,目的层沙三上亚段油藏埋深 1 240～1 510 m。

该区储层为一套快速堆积的块状混杂岩体,属扇三角洲砂砾岩沉积,以含砾砂岩为主,岩性复杂,粗细混杂,非均质性强,具一定程度的水敏和酸敏。储层纵向上分为三个砂体,一砂体厚度相对较小,一般为 10～30 m;二砂体作为主要目的层,厚度一般 20～50 m,最厚处达 70 m 以上;三砂体厚度一般 20～

70 m,油层厚度一般在 10 m 以上。

区块储层物性较好,但不同岩性之间差别大,含砾砂岩和砾状砂岩的物性最好,其孔隙度一般为 31%～35%,渗透率为 $(500～2\,000)×10^{-3}\,\mu m^2$;其次为细砾岩,其孔隙度一般为 25%～30%,渗透率为 $(250～400)×10^{-3}\,\mu m^2$,为高孔、中高渗储层。

坨 826 区块地面原油脱气密度平均 1.012 g/cm³,80 ℃时地面脱气原油粘度高达8 808～44 271 mPa·s,属特超稠油油藏,但粘温敏感性强。地层水矿化度 15 200 mg/L,氯离子含量为 9 208 mg/L,水型为 $CaCl_2$ 型。油层温度68～71 ℃,地温梯度 3.8～3.9 ℃/(100 m);地层压力 13.44 MPa 左右,压力系数为 0.96～0.98,属异常高温常压系统。

### 7.3.2.2  区块开发历程

坨 826 区块从 2003 年开始试油试采,按开发方式大致分为四个开发阶段。

☆ 第一阶段:2003～2005 年,常规蒸汽吞吐阶段。

该阶段于 2003 年对坨 823、坨 826 等两口井进行常规冷采,见油花。此后,对坨 822 井实施蒸汽吞吐开发,因注汽压力高达 20.3 MPa,注汽干度 18%～43%,投产后峰值产油量只有 6.3 t/d,累计产油 43.3 t。2005 年先后对坨826 井实施四轮次的化学辅助亚临界锅炉蒸汽吞吐开采,但由于注汽压力高,干度低,周期采油量均在 175～543 t 左右,最后因开发效果差而停井。

☆ 第二阶段:2006～2007 年,HDCS 攻关试验阶段。

鉴于直井试油试采效果不理想,为评价水平井热采开发效果,2006 年 8 月坨 826-p1 井采用 HDCS 强化采油技术且实施逆向砾石充填防砂工艺,该井第一周期注汽 1 650 t,注汽压力 18.3 MPa,注汽干度 71%,周期生产 120 d,累计产油 2 082 t,累计产水 496 t,平均产油能力 17.4 t/d,油汽比 1.26;第二周期注汽量 1 509 t,注汽干度 70%～75%,注汽压力 15～19.5 MPa,周期生产时间 184 d,周期产油 2 668 t,平均产油能力14.5 t/d,周期油汽比 1.77。

☆ 第三阶段:2007～2008 年,井组试验阶段。

坨 826-p1 井的试采成功为区块整体开发奠定了基础。2007 年 3 月,编制完成《坨 826 块沙三上稠油油藏水平井井组试验方案》,以产能、储层较为落实的沙三上 2 砂体为目的层,采用水平井驱泄混合开采方式,在整体规划部署的基础上,开展三个井组的试验方案。试验井组一是在有效厚度较大(40 m 以上)部位部署 2 注 3 采,注采井距 50 m;试验井组二是在有效厚度较小(20 m左右)部位部署 1 注 2 采,井距 75 m,以评价水平井驱泄混合方式开发可行性;

此外,为评价断层附近储层、产能和原油性质,部署 1 口单井,为整体方案编制提供依据。

试验井组方案于 2008 年初实施完毕,从实施效果看,东部厚度大的试验井组,由于油层厚度大,储层物性好,层内非均质性弱,平均单井产油量达 12～15 t/d,目前已累计产油 $1.07 \times 10^4$ t。另一试验井组由于储层物性变差且油井受地面集输系统影响,完钻近半年后才投产,导致储层污染严重,开发效果差,平均单井产量仅在 3～6 t/d,且生产时间短,供液能力严重不足。

☆ 第四阶段:2008～2010 年,产能建设阶段。

随着试油试采和试验井组的顺利开展,2007 年底编制完成坨 826 区块整体开发方案。方案设计先蒸汽吞吐后汽驱,在有效厚度 20 m 以上布水平井 63口,其中注汽井 31 口(老井 3 口),生产井 32 口(老井 6 口),单井产能 11 t/d,拟建产能 $17.3 \times 10^4$ t。目前,该区块的地面集输系统正在建设中,预计 2009年下半年即可投入开发。

### 7.3.2.3 开发技术界限研究

为确定坨 826 区块合适的开发技术界限,2006 年,在分析评价 HDCS 现场试验效果的基础上,利用 CMG 软件开展了本区块开发方案的数值模拟研究。

(1)井距优化

根据本块油层变化,在有效厚度 30 m 以上,优化 50 m、75 m、100 m 三种不同井距,从不同井距开发效果对比(表 7-18)来看,井距越大,开发效果越差。一是汽驱见效时间变长,井距 50 m 时汽驱见效时间为 318 d,井距 75 m 时汽驱见效时间为 1 043 d;二是 50 m 井距吞吐末两井间可以形成热连通,有利于后期转蒸汽驱,而 75 m 和 100 m 井距吞吐末难以形成热连通,不宜达到蒸汽驱要求。因此,有效厚度 30 m 以上,坨 826 块合理的井距为 50 m。

**表 7-18 不同井距开发效果对比**

| 注采井距/m | 累计生产时间/d | 吞吐阶段 | | 汽驱阶段 | | | 累计注汽量/t | 累计产油量/t | 累计油汽比/(t·t⁻¹) | 采出程度/% |
| | | 累计注汽/t | 累计产油/t | 见效时间/d | 累计注汽/t | 累计产油/t | | | | |
|---|---|---|---|---|---|---|---|---|---|---|
| 50 | 4 388 | 16 425 | 7 393 | 318 | 183 825 | 31 947 | 200 250 | 39 340 | 0.20 | 38.0 |
| 75 | 6 529 | 16 425 | 10 578 | 1 043 | 290 046 | 38 671 | 306 471 | 49 249 | 0.16 | 31.3 |
| 100 | 10 000 | 16 425 | 11 888 | 2 667 | 497 223 | 50 536 | 513 648 | 62 424 | 0.12 | 29.8 |

对边部有效厚度20～30 m的油层,当与有效厚度30 m注入相同注汽量时,由于厚度薄,加热范围较30 m的加热范围大,75 m井距吞吐末也能形成热连通,故有效厚度20～30 m时,合理井距为75 m。

(2)生产井长度优化

生产井长度的合理程度应考虑吞吐阶段是否合理,能否有效动用储层,从不同水平井段长度随温度、干度、储量动用率变化曲线表明,水平段长度超过250 m后,蒸汽干度降为零,温度和储量动用程度下降,同时邻块郑411生产井长度200 m见到一定效果,考虑目前防砂工艺技术水平,故生产井长度取200 m。

(3)注汽井长度优化

目前亚临界锅炉额定注汽速度10 t/h,若按最大注汽速度9 t/h,水平井段长200 m,计算最大注汽强度为1.08 t/(d·m),根据注汽强度折算了不同长度注汽量。从不同注汽井长度开发效果对比(表7-19)来看,随着注汽井长度增加,采出程度上升,油汽比下降。注汽井长度在160 m时,采出程度和油汽比较高,最佳注汽井长度为160 m。

表7-19 不同注汽井长度开发效果对比

| 注汽井长度/m | 时间/d | 吞吐阶段 | | 汽驱阶段 | | 累计注汽量/t | 累计产油量/t | 油汽比/(t·t$^{-1}$) | 采收率/% |
| | | 注汽量/t | 产油量/t | 注汽量/t | 产油量/t | | | | |
| 100 | 4 085 | 16 425 | 6 852 | 109 166 | 23 257.8 | 125 591 | 30 109.8 | 0.24 | 29.1 |
| 120 | 4 215 | 16 425 | 7 008 | 140 174 | 26 686.3 | 156 599 | 33 694.3 | 0.22 | 32.6 |
| 140 | 4 282 | 16 425 | 7 181 | 169 489 | 29 975.8 | 185 914 | 37 156.8 | 0.20 | 35.9 |
| 160 | 4 388 | 16 425 | 7 393 | 183 825 | 31 947 | 200 250 | 39 340 | 0.20 | 38.0 |
| 180 | 4 178 | 16 425 | 7 419 | 173 900 | 30 880.2 | 190 325 | 38 299.2 | 0.20 | 37.0 |

(4)生产井纵向位置优化

为有效实现重力泄油方式,注汽井和生产井位置纵向上应有一定距离,为研究合理纵向位置,模型纵向划分8个网格,分别对生产井距油层顶4/8、5/8、6/8、7/8不同位置进行优化(注汽井位置距顶2/8处),从生产井不同纵向位置开发效果(表7-20)看,生产井位于油层中下部效果较好,即生产井距油层底1/4。

表 7-20　生产井不同纵向位置效果对比

| 生产井距顶位置 | 生产时间/d | 累计注汽量/t | 累计产油量/t | 油汽比/(t·t⁻¹) | 采收率/% |
|---|---|---|---|---|---|
| 4/8 | 4 229 | 174 124 | 36 556 | 0.21 | 35.3 |
| 5/8 | 4 330 | 180 184 | 37 260 | 0.21 | 36.0 |
| 6/8 | 4 388 | 200 250 | 39 340 | 0.20 | 38.0 |
| 7/8 | 4 410 | 201 570 | 38 863 | 0.19 | 37.5 |

（5）注汽井纵向位置优化

当生产井距油层底 1/4 处，对注汽井距顶 1/8～5/8 处进行优化。注汽井纵向不同位置开发效果（表 7-21）表明，注汽井越靠上，开发效果越好。考虑油层顶部热损失大，故选择注汽井距油层顶 1/4。

表 7-21　注汽井纵向位置开发效果对比

| 注汽井距顶位置 | 生产时间/d | 累计注汽量/t | 累计产油量/t | 累计油汽比/(t·t⁻¹) | 采出程度/% |
|---|---|---|---|---|---|
| 1/8 | 4 416 | 200 001 | 39 482 | 0.20 | 38.1 |
| 2/8 | 4 388 | 200 814 | 39 340 | 0.20 | 38.0 |
| 3/8 | 4 236 | 188 690 | 38 076 | 0.20 | 36.8 |
| 4/8 | 4 230 | 190 182 | 37 901 | 0.20 | 36.6 |
| 5/8 | 4 210 | 190 000 | 36 713 | 0.19 | 35.5 |

（6）注汽速度优化

注汽速度优化了 4 t/h、5 t/h、6 t/h、7 t/h 四个方案，从不同注汽速度的采出程度和油汽比对比关系（表 7-22）可以看出，随着注汽速度的增大，采出程度增大，油汽比降低，当注汽速度由 5 t/h 提高到 6 t/h 时，采出程度增加的幅度较小。为保证较高油汽比和采出程度，注汽速度控制在 5 t/h。

表 7-22　不同注汽速度开发效果对比

| 注汽速度/(t·h⁻¹) | 时间/d | 吞吐阶段 | | 汽驱阶段 | | 累计注汽量/t | 累计产油量/t | 油汽比/(t·t⁻¹) | 采收率/% |
|---|---|---|---|---|---|---|---|---|---|
| | | 注汽量/t | 产油量/t | 注汽量/t | 产油量/t | | | | |
| 4 | 4 473 | 16 425 | 7 393 | 153 946 | 29 522 | 170 371 | 36 915 | 0.22 | 35.7 |
| 5 | 4 388 | 16 425 | 7 393 | 183 825 | 31 947 | 200 250 | 39 340 | 0.20 | 38.0 |
| 6 | 3 941 | 16 425 | 7 393 | 192 535 | 32 632 | 208 960 | 40 025 | 0.19 | 38.7 |
| 7 | 3 535 | 16 425 | 7 393 | 188 178 | 31 806 | 204 603 | 39 199 | 0.19 | 37.9 |

（7）采注比优化

采注比优化了 1.0、1.1、1.2、1.3 四个方案。不同采注比优化结果（表7-23）显示，采注比 1.0 时，经济效益较差；当采注比从 1.0 提高到 1.2 时，采收率上升幅度较大；当采注比从 1.2 提至 1.3 时，效果变差。可见，合理采注比为 1.2。

表 7-23　不同采注比开发效果对比

| 采注比 | 时间/d | 吞吐阶段 | | 汽驱阶段 | | 累计注汽量/t | 累计产油量/t | 油汽比/(t·t⁻¹) | 采收率/% |
| | | 注汽量/t | 产油量/t | 注汽量/t | 产油量/t | | | | |
|---|---|---|---|---|---|---|---|---|---|
| 1.0 | 2 303 | 16 425 | 7 393 | 35 981 | 10 904 | 52 406 | 18 297 | 0.35 | 17.7 |
| 1.1 | 4 450 | 16 425 | 7 393 | 198 909 | 30 576 | 215 334 | 37 969 | 0.18 | 36.7 |
| 1.2 | 4 388 | 16 425 | 7 393 | 184 389 | 31 947 | 200 814 | 39 340 | 0.20 | 38.0 |
| 1.3 | 4 448 | 16 425 | 7 393 | 185 839 | 31 781 | 202 264 | 39 174 | 0.19 | 37.8 |

（8）转驱时机

注蒸汽吞吐 7 周期后，两水平井间能形成热连通，地层压力达到 5～6 MPa，因此优化了吞吐 7 周、8 周、9 周和 10 周四个转驱时机。从不同转驱时机效果（表 7-24）看，随着转驱时机的推后，采出程度下降。故合理的转驱时机为吞吐 7～8 周后转蒸汽驱。

表 7-24　不同转驱时机开发效果对比

| 转驱时机 | 累计生产时间/d | 吞吐阶段 | | 汽驱阶段 | | 累计注汽量/t | 累计产油量/t | 累计油汽比/(t·t⁻¹) | 采出程度/% |
| | | 累计注汽/t | 累计产油/t | 累计注汽/t | 累计产油/t | | | | |
|---|---|---|---|---|---|---|---|---|---|
| 7 周转 | 4 370 | 13 926 | 7 024 | 191 704 | 32 581 | 205 630 | 39 605 | 0.19 | 38.3 |
| 8 周转 | 4 388 | 16 425 | 7 393 | 183 825 | 31 947 | 200 250 | 39 340 | 0.20 | 38.0 |
| 9 周转 | 4 140 | 18 921 | 7 608 | 149 778 | 30 113 | 168 699 | 37 721 | 0.22 | 36.4 |
| 10 周转 | 4 140 | 21 423 | 8 081 | 150 906 | 29 784 | 172 329 | 37 865 | 0.22 | 36.6 |

（9）布井厚度界限

从不同有效厚度开发效果对比（表 7-25）可以看出，不同油价下的油层极限厚度相差较大。为寻求一定的经济效益，油价 35 ＄/bbl 时布井油层厚度极限为 28 m，油价 40 ＄/bbl 时布井油层厚度为 20 m 以上。

表 7-25　不同有效厚度开发效果对比

| 油价 /($\cdot$bbl$^{-1}$) | 有效厚度 /m | 累计生产时间 /d | 吞吐阶段 | | 汽驱阶段 | | 累计注汽量 /t | 累计产油量 /t | 净采油 /t | 累计油汽比 /(t$\cdot$t$^{-1}$) | 采出程度 /% |
|---|---|---|---|---|---|---|---|---|---|---|---|
| | | | 累计注汽 /t | 累计产油 /t | 累计注汽 /t | 累计产油 /t | | | | | |
| 35 | 26 | 3 918 | 14 101 | 6 022 | 173 652 | 27 937 | 178 205 | 32 286 | −1 707 | 0.18 | 35.5 |
| | 28 | 4 087 | 14 015 | 6 496 | 173 652 | 27 937 | 188 753 | 35 659 | 1 103 | 0.19 | 36.4 |
| 40 | 20 | 3 378 | 15 826 | 4 450 | 130 700 | 18 694 | 146 526 | 23 144 | −2 224 | 0.16 | 32.9 |
| | 22 | 3 570 | 14 223 | 4 915 | 143 702 | 21 301 | 157 925 | 26 216 | 134 | 0.17 | 32.5 |

综合以上研究,本区块开发技术界限为:

☆ 立足水平井注蒸汽吞吐,后期考虑蒸汽驱。

☆ 油层厚度大于 30 m 处注采井距 50 m,油层厚度 20～30 m 时注采井距 75 m。

☆ 注汽井长度 160 m,生产井长度 200 m。

☆ 吞吐 7～8 周后,采用侧上方水平井注汽、侧下方水平井采油。

☆ 采注比 1.2。

☆ 油价 35 $/bbl,动用厚度 26 m 以上;油价 40 $/bbl,动用厚度 20 m 以上。

### 7.3.2.4　方案实施效果

坨 826 区块自 2007 年开始井组试验,从坨 826-p1 试验井组的 5 口油井看,2008 年 12 月开井 5 口,产液量 94.4 t/d,产油量 45.8 t/d,综合含水 51.5%,平均单井产油量 9.2 t/d。从结束周期的油井生产情况(表 7-26)看,一周期结束油井 5 口,平均注汽量 2 304 t,注汽干度 64.7%,平均周期采油量 1 700 t,周期油汽比 0.78,单井平均产油量 11.6 t/d,周期回采水率 0.47%。二周期结束油井 1 口,平均注汽量 1 505 t,注汽干度 71%,平均周期采油量 2 693 t,周期油汽比 1.79,单井平均产油量 14.7 t/d,周期回采水率 1.03%。三周期结束油井 1 口,平均注汽量 1 501 t,注汽干度 71.2%,平均周期采油量 2 247 t,周期油汽比 1.50,单井平均产油量 15.8 t/d,周期回采水率 1.05%。

表 7-26　坨 826-p1 试验井组油井周期生产情况

| 周期 | 井数 | 注汽量 /t | 干度 /% | 注汽压力 /MPa | 生产时间 /d | 周期产油 /t | 周期产水 /t | 产油能力 /(t$\cdot$d$^{-1}$) | 油汽比 /(t$\cdot$t$^{-1}$) |
|---|---|---|---|---|---|---|---|---|---|
| 1 | 5 | 2 304 | 64.7 | 17.5～19.2 | 94 | 1 700 | 1 094 | 11.6 | 0.78 |
| 2 | 1 | 1 505 | 71 | 17.2～19.0 | 172 | 2 693 | 1 543 | 14.7 | 1.79 |
| 3 | 1 | 1 501 | 71.2 | 17.0～18.6 | 139 | 2 247 | 1 574 | 15.8 | 1.50 |

## ⊙ 7.3.3　中浅薄层特超稠油油藏——草705区块

### 7.3.3.1　区块概况

乐安油田草705区块位于山东省东营市广饶县大营乡与陈坡村之间。该块西接博兴油田,北邻牛庄油田,东北为八面河油田,处于草古1潜山北斜坡。2002年11月草705区块上报馆陶组探明石油地质储量391×10⁴ t,探明含油面积3.1 km²。

草705区块馆陶组总体构造为披覆于广饶凸起北斜坡的地层斜坡披覆构造,地层北倾,地层倾角2.5°～4.0°,为北低南高的大型斜坡构造。馆陶组地层顶面埋深720.0～820.0 m。储层岩性主要为油浸砾岩、含砾不等粒砂岩、油斑不等粒砂岩、油斑含砾砂岩。纵向上岩性变化较大,自下而上砾石含量逐步增加,分选较差,胶结成分以泥质为主,平均粒度中值0.384 mm,平均泥质含量3.42%。草705区块馆陶组储层厚度较薄,一般4.0～12.0 m,纵向上分为五个小层,其中1、2号砂体边片分布,单层厚度1～6 m,3、4、5号砂体局部发育,单层厚度1～3 m。储层平均孔隙度39.1%,平均渗透率3 812.5×10⁻³ μm²,属于高孔高渗型储层。

草705区块馆陶组地面原油密度0.991 4～0.999 4 g/cm³,平均密度0.994 g/cm³;温度50 ℃条件下,地面原油粘度46 536～60 936 mPa·s,平均地面原油粘度52 139 mPa·s;油藏条件下脱气原油粘度80 000～120 000 mPa·s,原油平均胶质含量59.70%,平均沥青含量5.30%,地层水总矿化度4 316 mg/L,水型为碳酸氢钠型。

该区地层压力7.42～7.59 MPa,压力系数1.0,地层温度40～46 ℃,地温梯度3.4～4.0 ℃/(100 m),属常温常压系统。

### 7.3.3.2　区块开发历程

草705区块从1996年开始试油试采,其开发历程大致可分为三个开发阶段。

☆ 第一阶段:1996～2006年,常规热采试油阶段。

该阶段共对草古108、草古107等11口井绕丝管防砂后蒸汽吞吐开采,单井注汽量2 045 t,周期产油221 t,周期油汽比0.12,平均单井产油3.2 t/d,由于开发效果差而停井。

☆ 第二阶段:2007～2008年,HDCS攻关试验阶段。

鉴于直井试油试采效果不理想,为评价水平井热采开发效果,2007年优选草古 1-12-14 等 3 口老井和草 705-p1 等 3 口新水平井进行 HDCS 试采,从生产情况(表 7-27)看,3 口直井平均周期产油 195 t,周期油汽比 0.15,平均单井产油 2.8 t/d。而 3 口水平井平均周期产油 728 t,周期油汽比 0.37,平均单井产油 7.2 t/d。HDCS 技术的开发效果明显优于 DCS 的开发效果。

表 7-27　草 705 区块直井与水平井开发效果对比

| 类型 | 序号 | 井号 | 注汽情况 | | | 生产情况 | | | | | | | |
|---|---|---|---|---|---|---|---|---|---|---|---|---|---|
| | | | 注汽量/t | 注汽压力/MPa | 注汽干度/% | 生产时间/d | 周期产油/t | 周期产水/m³ | 峰值产量/(t·d⁻¹) | 产液/(t·d⁻¹) | 产油/(t·d⁻¹) | 综合含水/% | 油汽比/(t·t⁻¹) |
| 直井 | 1 | 草古 1-12-斜 17 | 1 503 | 15.3 | 70 | 26 | 65 | 129 | 7.5 | 7.5 | 2.5 | 66.6 | 0.04 |
| | 2 | 草古 1-12-14 | 1 500 | 16 | 70 | 104 | 311 | 234 | 6.8 | 5.2 | 3.0 | 42.9 | 0.21 |
| | 3 | 草 27-2 | 1 060 | 15.6 | 70 | 71 | 210 | 210 | 9.5 | 5.9 | 3.0 | 50.0 | 0.20 |
| | | 平均单井 | 1 354 | 15.6 | 70 | 67 | 195 | 191 | 7.9 | 6.2 | 2.8 | 53.2 | 0.15 |
| 水平井 | 1 | 草 705-p1 | 2 504 | 16.7 | 72 | 255 | 1 189 | 9 967 | 23.8 | 43.7 | 4.7 | 89.3 | 0.47 |
| | 2 | 草 705-p2 | 1 980 | 16.1 | 71 | 125 | 902 | 1 218 | 20.6 | 17.0 | 7.2 | 57.5 | 0.46 |
| | 3 | 草 27-p1 | 2 000 | 15.3 | 71 | 78 | 553 | 358 | 10.8 | 11.7 | 7.1 | 39.3 | 0.28 |
| | | 平均单井 | 1 990 | 15.7 | 71 | 102 | 728 | 788 | 15.7 | 14.9 | 7.2 | 52.0 | 0.37 |

☆ 第三阶段:2008 年至目前,产能建设阶段。

鉴于草 705 区块利用水平井开发取得了理想的开发效果,2008 年底编制完成《草 705 区块产能建设方案》,以产能、储层较为落实的馆陶组 2 砂体为目的层,采用水平井热采开发,方案部署总井 38 口,单井控制储量 $7.5 \times 10^4$ t,设计单井产油能力 11 t/d,拟建产能 $5.6 \times 10^4$ t。目前,该区块的产能建设正在进行中,预计 2009 年全面实施完毕。

### 7.3.3.3　开发技术界限研究

为确定草 705 区块合适的开发技术界限,2008 年,在分析评价 HDCS 现场试验效果的基础上,利用 CMG 软件开展了区块开发方案的数值模拟研究。

(1) 开发方式优化

生产实践表明,由于草 705 区块馆陶组为超稠油油藏,原油粘度高,常规开发无产能,应立足于注蒸汽吞吐开发。借助数值模拟技术,对比计算了注蒸汽吞吐、$CO_2$ 辅助蒸汽吞吐、$CO_2$ 辅助蒸汽吞吐后转蒸汽驱等三种不同开发方式下的开发效果(表 7-28)。

对比注蒸汽吞吐和 $CO_2$ 辅助蒸汽吞吐时的数值模拟结果发现,$CO_2$ 辅助蒸汽吞吐时的开发效果较好,采出程度比注蒸汽吞吐高 7.90%,本块初期应采用 $CO_2$ 辅助蒸汽吞吐的方式开发。

虽然转蒸汽驱的最终采收率能达到 39.04%,但在油价为 50 \$/bbl 下,根据经济效益评价结果为低效汽驱,因此推荐该块的开发方式采用 $CO_2$ 辅助蒸汽吞吐。

表 7-28　不同开发方式时生产效果对比

| 开发方式 | 累计生产时间/d | 周期 | 吞吐阶段 | | | 汽驱阶段 | | 累计注汽/($10^4$ t) | 累计产油/($10^4$ t) | 累计油汽(蒸汽+$CO_2$)比/(t·$t^{-1}$) | 采出程度/% |
|---|---|---|---|---|---|---|---|---|---|---|---|
| | | | 累计注 $CO_2$/($10^4$ t) | 累计注汽/($10^4$ t) | 累计产油/($10^4$ t) | 累计注汽/($10^4$ t) | 累计产油/($10^4$ t) | | | | |
| 吞吐 | 2 400 | 13 | | 2.60 | 0.84 | | | 2.60 | 0.84 | 0.32 | 13.23 |
| $CO_2$辅助吞吐 | 2 793 | 16 | 0.20 | 3.20 | 1.34 | | | 3.20 | 1.34 | 0.41 | 21.13 |
| $CO_2$辅助吞吐+汽驱 | 4 510 | 4 | 0.05 | 0.80 | 0.64 | 20.76 | 1.84 | 21.56 | 2.48 | 0.11 | 39.04 |

（2）排距、井距优化

利用概念模型,优化了 100 m、150 m、200 m 三种不同排距下的开发效果。从不同排距 $CO_2$ 辅助蒸汽吞吐的开发效果对比（表 7-29）可以看出,随着排距的增大,采出程度降低。$100\sim200$ m 排距时蒸汽吞吐都有经济效益。150 m 排距时单井采出油量较 100 m 排距时要多,而采出程度上两者相差不大。综合考虑,排距150 m 较为合理。

表 7-29　不同排距蒸汽吞吐生产效果对比

| 排距/m | 开发方式 | 吞吐阶段 | | | 累计注汽/($10^4$ t) | 累计产油/($10^4$ t) | 累计油汽(蒸汽+$CO_2$)比/(t·$t^{-1}$) | 采收率/% | 储量/($10^4$ t) |
|---|---|---|---|---|---|---|---|---|---|
| | | 周期 | 累计注 $CO_2$/($10^4$ t) | 累计注汽/($10^4$ t) | | | | | |
| 100 | 吞吐 | 16 | 0.2 | 3.2 | 0.94 | 3.2 | 0.94 | 0.29 | 22.22 | 4.24 |
| 150 | 吞吐 | 16 | 0.2 | 3.2 | 1.34 | 3.2 | 1.34 | 0.41 | 21.13 | 6.35 |
| 200 | 吞吐 | 16 | 0.2 | 3.2 | 1.4 | 3.2 | 1.4 | 0.42 | 16.54 | 8.47 |

从不同排距吞吐末的温度场来看,100 m 排距时 $CO_2$ 辅助蒸汽吞吐井间加热半径大于 50 m,容易形成热连通;200 m 排距 $CO_2$ 辅助蒸汽吞吐无法充分加热油层,未加热区域达 130 m,井间动用程度太差;150 m 排距 $CO_2$ 辅助蒸

汽吞吐井间加热半径达到 70 m 左右,相对来说比较合适。考虑储层非均质性,150 m 排距蒸汽吞吐是适宜的。

此外,利用概念模型,优化了 100 m、150 m、200 m 三种不同井距下的开发效果(表 7-30)。可以看出,随着井距的增大,采出程度降低。100～200 m 井距时蒸汽吞吐都有经济效益。与 150 m 井距相比,100 m 井距采出程度、累计油汽比较高。综合分析知,100 m 井距蒸汽吞吐相对比较合适。

表 7-30　不同井距蒸汽吞吐生产效果对比

| 井距 /m | 开发 方式 | 吞吐阶段 | | | 累计注汽 /($10^4$ t) | 累计产油 /($10^4$ t) | 油汽比 /(t·$t^{-1}$) | 采收率 /% | 储量 /($10^4$ t) |
| | | 周期 | 累计 注 $CO_2$ /($10^4$ t) | 累计 注汽 /($10^4$ t) | 累计 产油 /($10^4$ t) | | | | |
|---|---|---|---|---|---|---|---|---|---|
| 100 | 吞吐 | 14 | 0.2 | 2.6 | 1.13 | 2.6 | 1.13 | 0.42 | 21.25 | 5.3 |
| 150 | 吞吐 | 16 | 0.2 | 3.2 | 1.34 | 3.2 | 1.34 | 0.41 | 21.13 | 6.35 |
| 200 | 吞吐 | 16 | 0.2 | 3.2 | 1.52 | 3.2 | 1.41 | 0.43 | 18.95 | 7.41 |

(3)水平井距内油水边界距离优化

从水平井距内油水边界不同距离的开发效果(表 7-31)来看,随着水平井距内油水边界距离的增加,累计产油量逐渐增加。当水平井距内油水边界 100 m 时,累计产油量为 2 800 t 左右;当水平井距内油水边界 150 m 时,累计产油量为 5 000 t 左右。从水平井累计产油量与距内油水边界不同距离关系曲线上看,水平井距内油水边界的距离大约在 186 m 左右,其累计产油量才能达到油价为 50 $/bbl 时的经济极限累计产油量 6 560 t。结合油藏的实际情况,水平井距内油水边界距离应大于 200 m。

表 7-31　水平井距内油水边界不同距离时 $CO_2$ 辅助蒸汽吞吐开发效果对比

| 距内油水 边界距离/m | 周期 | 累计生产 时间/d | 累计注 $CO_2$ /($10^4$ t) | 累计注汽量 /($10^4$ t) | 累计产油量 /($10^4$ t) | 累计油汽比 /(t·$t^{-1}$) |
|---|---|---|---|---|---|---|
| 100 | 3 | 845 | 0.045 | 0.69 | 0.28 | 0.41 |
| 150 | 5 | 1 230 | 0.075 | 1.12 | 0.5 | 0.45 |
| 200 | 7 | 1 560 | 0.105 | 1.58 | 0.7 | 0.44 |
| 300 | 12 | 2 270 | 0.18 | 2.7 | 1.01 | 0.37 |

(4)布井极限厚度

草 705 区块馆陶组二砂体有效厚度 2.0～8.0 m,平均有效厚度 4.0 m。

从不同有效厚度下 $CO_2$ 辅助蒸汽吞吐的开发效果对比(表 7-32)可以看

出,随着有效厚度的增大,周期和生产时间延长,累计注汽量和累计采油量增加,采出程度增大,累计油汽比逐渐减小。

从累计产油量与有效厚度关系来看,要想满足油价 50 \$ /bbl 时的经济极限累计产油量 6 560 t,草 705 区块馆陶组的极限厚度必须大于 3.6 m。综合考虑,布井极限厚度取 4 m。

表 7-32　不同有效厚度下 $CO_2$ 辅助蒸汽吞吐开发效果对比

| 有效厚度 /m | 周期 | 生产时间 /d | 累计注 $CO_2$ /($10^4$ t) | 累计注汽量 /($10^4$ t) | 累计产油 /($10^4$ t) | 累计油汽比 /(t·$t^{-1}$) | 采出程度 /% |
|---|---|---|---|---|---|---|---|
| 2 | 3 | 845 | 0.045 | 0.56 | 0.3 | 0.52 | 14.36 |
| 3 | 4 | 1 050 | 0.06 | 0.88 | 0.46 | 0.51 | 14.57 |
| 4 | 7 | 1 560 | 0.105 | 1.57 | 0.76 | 0.46 | 17.84 |
| 5 | 12 | 2 270 | 0.18 | 2.7 | 1.14 | 0.41 | 21.56 |
| 6 | 16 | 2 793 | 0.24 | 3.6 | 1.47 | 0.39 | 23.12 |

（5）水平段长度的优化

水平段长度优化结果（表 7-33）表明,在水平段长度 200 m 左右,油井累计产油量最高,采出程度最大,从草 705-p1、草 705-p2、草 705-p8 井等 200 m 井段生产情况看,开采效果好。因此,优化的水平段长度取 200 m。

表 7-33　不同水平段长度 $CO_2$ 辅助水平井蒸汽吞吐开发效果对比

| 水平段长度/m | 周期 | 累计生产时间/d | 累计注 $CO_2$/t | 累计注汽量/t | 累计产油量/t | 累计油汽比/(t·$t^{-1}$) | 采出程度/% | 储量 /($10^4$ t) | 净采油 /t |
|---|---|---|---|---|---|---|---|---|---|
| 100 | 16 | 2 793 | 2 000 | 40 000 | 14 163 | 0.35 | 15.44 | 9.18 | 4 149 |
| 150 | 16 | 2 793 | 2 000 | 40 000 | 15 371 | 0.37 | 16.75 | 9.18 | 5 357 |
| 200 | 18 | 3 047 | 2 250 | 45 000 | 16 252 | 0.35 | 17.71 | 9.18 | 5 818 |
| 250 | 18 | 3 047 | 2 250 | 45 000 | 16 120 | 0.35 | 17.57 | 9.18 | 5 686 |

（6）水平井纵向位置优化

水平井在油层中的纵向位置应综合考虑油层厚度、物性夹层,以及韵律性、非均质性、蒸汽的超覆作用等。借助数值模拟技术对生产井在油层中的纵向位置分别进行了优化研究。

① 生产井垂向位置优化

数模分别优化了生产井位于模型中从顶到底五个不同层位时的开发效果。数值模拟优化结果（表 7-34）表明,生产井位于距顶 7/10 左右处开发效果最好,采收率可达到 39.04%。故生产井合理垂向位置应位于油层中下部。

表 7-34  生产井不同垂向位置蒸汽驱开发效果对比

| 生产井距顶位置 | 吞吐阶段 | | | 汽驱阶段 | | 累计注汽/(10⁴ t) | 累计产油/(10⁴ t) | 累计油汽(蒸汽+CO₂)比/(t·t⁻¹) | 采收率/% |
|---|---|---|---|---|---|---|---|---|---|
| | 累计注CO₂/(10⁴ t) | 累计注汽/(10⁴ t) | 累计产油/(10⁴ t) | 累计注汽/(10⁴ t) | 累计产油/(10⁴ t) | | | | |
| 1/10 | 0.5 | 0.8 | 0.64 | 18.44 | 1.68 | 19.24 | 2.32 | 0.119 | 36.51 |
| 3/10 | 0.05 | 0.8 | 0.64 | 18.94 | 1.71 | 19.74 | 2.35 | 0.119 | 36.99 |
| 5/10 | 0.05 | 0.8 | 0.64 | 19.46 | 1.76 | 20.26 | 2.4 | 0.118 | 37.79 |
| 7/10 | 0.05 | 0.8 | 0.64 | 20.76 | 1.84 | 21.56 | 2.48 | 0.115 | 39.04 |
| 9/10 | 0.05 | 0.8 | 0.64 | 20.1 | 1.77 | 20.9 | 2.41 | 0.115 | 38 |

② 注汽井垂向位置优化

当生产井垂向上位于油层中下部时,利用模型优化了注汽井位于模型中从顶到底五个不同层位时的开发效果(表 7-35)。随着注汽井距层顶位置的下移,方案累计油汽比减小,采收率先升高后降低,但注汽井位于不同垂向位置时,各个方案的累计油汽比和最终采收率都相差不大。从提高采收率的角度考虑,注汽井的纵向位置应该位于距顶 3/10 左右。综合考虑储层物性纵向上的变化和蒸汽超覆,选定注汽井纵向上位于油层中上部。

表 7-35  注汽井不同垂向位置蒸汽驱开发效果对比

| 注汽井距顶位置 | 吞吐阶段 | | | 汽驱阶段 | | 累计注汽/(10⁴ t) | 累计产油/(10⁴ t) | 累计油汽比/(t·t⁻¹) | 采收率/% |
|---|---|---|---|---|---|---|---|---|---|
| | 累计注CO₂/(10⁴ t) | 累计注汽/(10⁴ t) | 累计产油/(10⁴ t) | 累计注汽/(10⁴ t) | 累计产油/(10⁴ t) | | | | |
| 1/10 | 0.05 | 0.8 | 0.64 | 21.64 | 1.82 | 21.44 | 2.46 | 0.115 | 38.79 |
| 3/10 | 0.05 | 0.8 | 0.64 | 20.76 | 1.84 | 21.56 | 2.48 | 0.115 | 39.04 |
| 5/10 | 0.05 | 0.8 | 0.64 | 20.7 | 1.79 | 21.5 | 2.43 | 0.113 | 38.28 |
| 7/10 | 0.05 | 0.8 | 0.64 | 20.82 | 1.79 | 21.62 | 2.43 | 0.112 | 38.26 |
| 9/10 | 0.05 | 0.8 | 0.64 | 20.1 | 1.73 | 21.1 | 2.37 | 0.112 | 37.33 |

(7)吞吐阶段注汽强度优化

利用数模预测了生产井长度为 200 m,吞吐阶段五种不同注汽强度下的水平井开发效果。不同注汽强度开发效果对比(表 7-36)表明,随着注汽强度的增加,注汽量增加,采出程度增加,累计油汽比减小。综合考虑,确定吞吐阶段注汽强度为 15 t/m。

表 7-36 不同注汽强度下 $CO_2$ 辅助蒸汽吞吐开发效果对比

| 注汽强度 /(t·m$^{-1}$) | 周期 | 累计生产时间 /d | 累计注 $CO_2$ /($10^4$ t) | 累计注汽量 /($10^4$ t) | 累计产油量 /($10^4$ t) | 累计油汽比 /(t·t$^{-1}$) | 采出程度 /% |
|---|---|---|---|---|---|---|---|
| 7.5 | 19 | 3 164 | 0.238 | 2.14 | 1.27 | 0.56 | 20.05 |
| 10.0 | 18 | 3 047 | 0.225 | 2.70 | 1.29 | 0.46 | 20.32 |
| 12.5 | 17 | 2 920 | 0.213 | 3.19 | 1.31 | 0.40 | 20.64 |
| 15.0 | 16 | 2 793 | 0.200 | 3.60 | 1.36 | 0.37 | 21.43 |
| 17.5 | 16 | 2 793 | 0.200 | 4.20 | 1.39 | 0.32 | 21.95 |

（8）油藏工程参数优化结果

通过对草 705 区块馆陶组的数值模拟优化研究,确定出了该块的开发技术界限:

☆ 采用蒸汽吞吐的开发方式。

☆ 布井区极限厚度大于 4 m。

☆ 水平井距内油水边界 200 m。

☆ 采用交错式井网布井;井距 100 m,排距 150 m。

☆ 水平段长度 200 m;生产井位于油层中下部,注汽井位于油层中上部。

☆ 蒸汽吞吐注汽强度 15 t/m。

### 7.3.3.4 方案实施效果

草 705 区块自 2008 年开始投入开发,目前正处于产能建设时期,预计 2010 年上半年即可全部实施完毕。2008 年 12 月,完钻水平井 16 口,开井 10 口,产液量 184.4 t/d,产油量 87.2 t/d,综合含水 52.7%,平均单井产液量 18.4 t/d,平均单井产油量 8.7 t/d,区块累计产油 $1.54×10^4$ t,累计产水 $1.98×10^4$ t,累计注汽 $2.75×10^4$ t,采油速度 1.25%,采出程度 1.6%。从结束周期油井生产情况(表 7-37)看,结束一周期油井 8 口,单井周期产油量 982 t,周期油汽比 0.49,周期平均产油量 9.4 t/d;结束二周期油井 1 口,单井周期产油量 1 200 t,周期油汽比 0.87,周期平均产油量 9.6 t/d。

表 7-37 草 705 区块油井周期生产情况

| 周期 | 井数 | 注汽量 /t | 干度/% | 注汽压力 /MPa | 生产时间 d | 周期产油 /t | 周期产水 /t | 产油能力 /(t·d$^{-1}$) | 油汽比 /(t·t$^{-1}$) |
|---|---|---|---|---|---|---|---|---|---|
| 1 | 8 | 2 005 | 71 | 16.2~17.5 | 105 | 982 | 1 640 | 9.4 | 0.49 |
| 2 | 1 | 2 108 | 71 | 15.8~17.2 | 125 | 1 200 | 1 842 | 9.6 | 0.87 |

# 结 束 语

　　HDCS 强化采油技术作为一项系统、完善的特超稠油油藏开发配套技术,是我国利用自主研发力量,在特超稠油开发领域完成的一项技术创新。该技术在完成工业化推广的同时也得到了不断的丰富和创新,形成了一套具有国际领先水平的中深层超稠油开发配套技术。

　　总结 HDCS 技术在攻关创新过程中的新技术和新认识,我们认为主要体现在以下六个方面:

　　☆ 突破国内外现有理论前沿,首创了具有自主知识产权的 HDCS 强化采油理论,创建了水平井、油溶性降粘剂、二氧化碳与蒸汽四者之间滚动接替降粘、热动量传递和增能助排的新型开发模式,为中深层特超稠油的开发提供了科学依据。

　　☆ 创新了中深层特超稠油 HDCS 强化采油的油藏工程优化设计方法,运用极限指标控制原理、数值模拟和油藏工程方法优化设计了油藏温度下地面脱气原油粘度大于 $10 \times 10^4$ mPa·s 的特超稠油油藏蒸汽吞吐的油层动用极限厚度(4 m),突破了该类油藏开发领域的禁区。

☆ 研发了高性能的高效油溶性复合降粘剂,该降粘剂不但具有极强的降粘性能,同时随着温度和含水的升高,降粘性能大幅提高,从而更加适合于热采。该降粘剂的开发应用为特超稠油的开发动用提供了坚实的基础。

☆ 针对油、水层间隔层薄,热采易导致层间窜的不利因素,发明了薄隔层先期防窜完井工艺技术,研制了具有较强性能的双晶体膨胀增韧水泥、水泥涨封管外封隔器、套管伸缩补偿器等,其性能和使用寿命均达到同行领先水平。

☆ 完善了筛管完井泡沫酸洗与管外压裂充填防砂一体化技术,通过完善防砂管底部充填工具、配套大通径分级箍、管外充填防砂和泡沫流体酸洗工艺,使超稠油水平井防砂工艺水平得到进一步的提升。

☆ 发展了水平井泡沫流体增产系列技术,形成了以水平井泡沫冲砂洗井技术、超负压泡沫混排解堵技术、地面生成氮气泡沫调剖及底水控制技术、水平井泡沫酸洗技术和泡沫酸化技术为主体的系列增产技术,为提高 HDCS 技术的适应性提供了保障。

HDCS 强化采油技术在国内胜利油区规模化推广的成效,预示着该技术在特超稠油油藏开发领域具有广阔的应用前景。此外,相关试验研究表明,应用该技术能够大幅度提高采收率,与常规蒸汽驱相比,室内单管试验驱替效率由 30% 上升至 94%。在蒸汽驱转 DCS 驱替单管试验中,更换方式后也可提高采收率 40% 以上。因此,可以说 HDCS 强化采油技术探索了热化学复合驱油提高采收率的新方法,为稠油油藏不同开发方式的转换提供了技术思路。

但是,HDCS 强化采油技术在应用过程中也暴露出一些新的问题,有些认识还有待于深化研究。比如开发过程中井间早期汽窜问题,包括汽窜机理及规律、汽窜的利弊、防治和利用;油藏"三场两剖面"的动态变化及边底水控制;超临界二氧化碳在注采过程中的相态变化及其作用;HDCS 的转驱及大幅度提高采收率研究;等等。这些问题都需要开展大量的室内物模和现场动态监测来深化研究,并逐步加以攻关、突破,从而使特超稠油油藏开发提高到一个新的水平。

# 附 录

## 有关计量单位的换算关系

1 ft＝0.304 8 m

1 in＝25.4 mm

1 ft$^2$＝0.092 9 m$^2$

1 in$^2$＝645.16 mm$^2$

1 ft$^3$＝0.028 3 m$^3$

1 bbl＝158.987 dm$^3$

1 gal＝3.785 dm$^3$（美制液量）

1 lb＝0.453 6 kg

1 厘泊＝1 mPa·s

1 达西＝1 $\mu$m$^2$